HUIPAI JIANZHU FENGYUN

徽派建筑风韵

王明居 / 著

安徽师范大学出版社

·芜湖·

责任编辑：胡志恒
装帧设计：桑国磊
责任印制：郭行洲

图书在版编目（CIP）数据

徽派建筑风韵 / 王明居著.—芜湖：安徽师范大学出版社，2014.12（2025.1 重印）
ISBN 978-7-5676-1633-2

Ⅰ.①徽… Ⅱ.①王… Ⅲ.①古建筑—建筑艺术—徽州地区Ⅳ.①TU-092.2

中国版本图书馆 CIP 数据核字（2014）第 264042 号

本书由安徽师范大学教育基金会宝文基金资助出版

徽派建筑风韵

王明居　著

出版发行：安徽师范大学出版社
　　　　　芜湖市九华南路189号安徽师范大学花津校区　　邮政编码：241002
网　　址：http://www.ahnupress.com/
发 行 部：0553-3883578 5910327 5910310（传真）　E-mail：asdcbsfxb@126.com
印　　刷：阳谷毕升印务有限公司
版　　次：2014年12月第1版
印　　次：2025年1月第2次印刷
规　　格：700×1000　1/16
印　　张：8.75
字　　数：157千
书　　号：ISBN 978-7-5676-1633-2
定　　价：45.00元

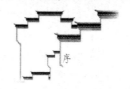

序

　　美丽的徽州，辖歙、黟、休宁（海阳）、绩溪、祁门、婺源六县。它像璀璨的明珠，荫蔽在深山幽谷中，鲜为人知。近年，改革开放的东风，不断吹拂着这一片土地，终于激发了它那钟灵毓秀之气；它焕发了青春的活力，露出了倩丽的姿容，招徕着四方游客。"藏在深闺人未识"，已成过去；兴高采烈唱未来，风光无限。如今，西递村和宏村已被联合国教科文组织列为世界文化遗产，受到全世界的瞩目。这是徽州的骄傲，中华民族的骄傲！

　　勤奋的徽州人，同饮新安江碧波荡漾的水，共观黄山、白岳（齐云山）的滚滚烟涛，同听深涧的幽咽泉鸣，共赏寂寥的清空，同用徽州方言漫议经商、闲话桑麻，共耕于山水田园之间，且有共同的生活习惯、民俗风情、文化传统、艺术追求、生产方式；这就打上了徽派的印记。

　　就建筑而言，无论是淳朴的民居、肃穆的宗祠、庄严的牌坊，还是高耸的宝塔、古雅的碑亭、优美的园林，均流动着徽州的情韵，仿佛凝固的交响乐，合奏着无声的徽池清音，在徽州上空荡漾着、升腾着、扩散着。它形成了徽人共同的生活场所、人文氛围、心理渴求。

　　这种共同性，便是徽派特色。它似可用温柔敦厚、古朴雅致来概括。

　　由于徽人尊崇孔孟之道，笃信程朱理学，故徽派血脉中必然流动着儒雅气韵。这儒雅气韵成为徽派古建筑的共性。四水归堂的民居，长幼有序的宗祠，忠孝节义的牌坊……无不打上儒家的思想烙印。这些造型各异的建筑，虽有相对独立性，但却是彼此呼应，因而均属于徽派建筑中体现儒雅特色的系统。它显示着徽人以姓氏为单位，建立门庭、聚族而居，以儒教为传统，修身、齐家、治国、平天下的观念。就徽州建筑的特色而言，同是民居，均有明敞透亮的共享空间天井，高峻腾飞、跌落有致的马头墙，昂然挺立、逐层出跳的斗拱，形象生动、生机盎然的三雕（木雕、砖雕、石雕），均体现了徽州民居流派风格。如果没有天井，没有马头墙，没有斗拱，没有三雕，那么，徽州建筑艺术的代表民居，就失去了应有特色和物质凭借，就不成其为

徽派民居。当然，天井、马头墙、斗拱、三雕等，只是构造徽派民居的有机部件，当它们有机地组合在一起而共同凸显民居的徽派特色时，才能充分地显示其实用价值，并从各自方面集中地表现徽州建筑的儒雅美。

当你在黟县西递村明清建筑群浏览时，就可随时观赏民居的儒雅造型，领略儒雅的风韵。这种儒雅风韵在楹联中表现得非常突出。如修德堂楹联有：

寿本乎仁乐生于智

勤能补拙俭可养廉

怀仁堂楹联有：

饶诗书气有子必贤

得山水情其人多寿

三畏堂楹联有：

敦孝悌此乐何极

嚼诗书其味无穷

敬爱堂楹联有：

读书好营商好效好便好

创业难守成难知难不难

这些楹联木雕，悬挂在中堂显赫地位，突显了主人的道德规范、言行准则和儒雅风度。

就民居的结构布局而言，蕴含着尊卑有序、长幼有序、男女有序的等级观念，显隐着君君臣臣、父父子子的儒家思想折光。有明堂暗室之分，有内舍外舍之别；厅有上、中、下，房有正、偏、厢；坐椅也有上、旁、下。这些，都根据不同辈分、职位、地位，进行有序安排，俾各得其所。

至于民居的部件及装饰，以三雕造型而表现儒家思想的故事，则比比皆是。如岳母刺字，以表现忠；老莱子娱亲，以显示孝；苏武牧羊，以宣扬

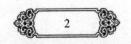

节；桃园结义，以鼓吹义。这些三雕作品，生动形象，栩栩如生，富于魅力。它们营造了一种儒雅的气氛，以烘托徽人的伦理道德观念，并凸显徽派建筑特色。

儒雅风度表现在徽州人的生活追求上，是能显能隐，能进能退，以保持内心世界的中和、平衡。进则为显达，退则为隐士，是徽人手中的两张牌。至于亦显亦隐、亦进亦退的灵活表现，就是经商。商，上既可通显贵，下又可达平民。可见，仕途经济与商贾之道，都是徽州人所热衷的，但二者都要研读孔孟之书，这就养成了徽人的儒雅风习，故徽商又被称为儒商。

徽派建筑除了显示出儒雅风度外，还表现了宗族信仰和先祖崇拜。徽派民居的分布，是围绕着宗祠、以宗祠为中心的。宗祠为连接徽人血缘的纽带，是徽派建筑的统领。举凡民居、牌坊、楼台亭阁、园林庭院、桥塔寺庙等，均以宗祠为灵魂主宰，并形成精心安排的徽派建筑空间系统。

徽州宗祠，有总祠、支祠之分。总祠统率支祠，支祠从属总祠。黟县西递的敬爱堂，是胡氏总祠，始建于明代万历年间，面积有一千八百多平方米，规模宏大，气势壮阔，为胡氏九个支脉共同崇拜的祖祠，下面还设有各个支脉的支祠作为衬托，如追慕堂、迪吉堂、辉公堂等。

从宏观的意义上说，徽派建筑乃是恪守儒教忠孝观念，以宗祠为心理中心，紧系家族血缘网络的建筑流派系统。从微观的意义上说，徽派建筑的具体品类、部件、实体、局部、细节，都是组成徽派建筑系统不可缺少的细胞，它们都从不同方面或显或隐地体现着徽派建筑的儒雅风度。如：从马头墙的造型上看，具有知白守黑之美。其墙呈白色，马头显黑色。这种美，是朴素淡雅、纯净明朗、没有华彩的。尤其值得一提的是宏村一幢幢青瓦白墙民居，仿佛许许多多珍珠，镶嵌在水口系统中。由溪水汇处而延伸出来的奔流，在阳光照射下，像闪动的银链，把数不清的珍珠（民居）串在一起。原来处于静谧状态的建筑，由于溪水的波澜起伏，由于马头白墙的反光的闪耀，似乎也在轻轻跳动。这就使宏村水品建筑处于动中有静、静中有动的诗情画意中。

沿着九曲十八弯的西溪流水，去考察宏村建筑，只能获得平面的视觉美。如果站在雷岗之上，去鸟瞰宏村，那么，就可获得立面的视觉美。你骋目俯视，则见浮现在眼前的宏村，仿佛一条水牛，头枕青山，足濯清流。那条穿村而过的弯弯曲曲的溪水，好像是牛肠，左回右旋，流动不已，生生不息。它流经家家户户门口，在街巷的青石板上飞溅而过，滚动着数不尽的浪

花。它与民居的暗沟相通，为住房的池塘、水井、水园提供了源源不绝的活水，为花草树木输送了不可缺少的养分，对于美化环境、调节小气候发挥了良好的作用。值得一提的吴扬九宅水园，就是这样的典型。它那美丽的花厅，花气袭人，逢人吐芳，不是以水池为依托吗？它那精巧的抱厦，不是呈现出悦目的弧形而翼然于水面之上吗？它那诱人的走廊，令人流连忘返；它那雪白的粉墙，与幽暗的树丛，相映成趣；它那几何形漏窗，闪现着疏疏落落的花木的风姿，其倒影映入池中，与翕动的游鱼相互嬉戏，形成了一幅动人的图景。

如此活水，滋润着村人的心田。它流呀流，注入"牛胃"——月塘，汇入"牛肚"——南湖。那跨越溪水的四座桥梁，仿佛四条牛腿。这是明代形成的水系，时光虽然流逝四百多年，但至今仍然充满着旺盛的生命力，永远哺育着宏村人。宏村建筑水系之造福于人，喻之为牛，不是象征着它的精神美吗？

徽派建筑以其独特的风韵而跻身世界，成为国际艺苑中的奇葩，而饮誉海内外。它的文化蕴涵，深邃奥妙，味之无尽；必须努力开发，细心琢磨，精心保护，潜心研究，才能充分地揭示其美学价值和历史意义。

2000年，安徽科学技术出版社推出了笔者和王木林合著的《徽派建筑艺术》一书，引起了美学界、建筑界、徽学界的关注，笔者深受鼓舞。经过数年琢磨，感到还有些话要说，因而便继续撰写，终于完成了另一本书稿，命名曰《徽派建筑风韵》。它以《徽派建筑艺术》为参照，另起炉灶，拓展而成。所以，前者是对后者的超越，后者是前者的基础，二者联系紧密，又各有轩轾。前者着重从审美的角度进行开掘，如：在谈到徽派建筑的音乐美时，论述了和谐、审美感觉的互渗、无声似有声等问题；在谈到徽派建筑的雕刻美时，从分析柱础上的大力士形象入手，提出了寓无限于有限、变无情为有情、性别交叉、理念冲撞等问题；在谈到徽派建筑的装饰美时，强调了康德所说"为了观赏""令人愉快"的功能，描述了轻巧灵动、抗拒沉重、彰显个性、烘托整体的景况；在谈到被切割的一块蓝天时，透视了某宅天井中的二十四孝木雕图；在谈到五岳朝天时，解析了马头墙以静示动的美及其造型的多样性；在谈到徽派建筑三雕时，以绩溪龙川胡氏宗祠和黟县宏村承志堂的木雕为典型，分析了胡氏宗祠扇门的绘画美，揭示了承志堂"商"字的形式美，"百子闹元宵"的风俗美，"唐玄宗宴官图"的雅致美；此外，还阐释了建筑木雕上的唐诗。在谈到徽州牌坊时，从哲学美学、伦理道德上提出

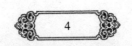

了如何评价的理论问题。这些方面，在《徽派建筑艺术》中，或语焉不详，或甚少涉及；而在《徽派建筑风韵》中，则努力开掘之、拓展之、深化之，以求获得新的领悟。

尤其是在美学上，倾心从实际出发，由具体分析入手，并上升到理论，把自上而下的美学与自下而上的美学结合起来，特别是在自下而上的美学探索方面下了点功夫。

徽派建筑文化，内涵丰赡，底蕴深厚。笔者所述，乃一隅之见，亟望起到抛砖引玉的作用。

王明居谨志
2003年初稿于上海
2008年盛夏酷热挥汗如雨修改于芜湖
时年七十有八

目　录

第一章　徽派建筑的音乐美

一、凝固的音乐

当你在徽州大地漫游时，你见到一座座村落，星罗棋布，错落有致。楼、台、亭、阁、榭、坊、祠、院、庙、塔、桥、坝等建筑，一组组，一串串，一排排，组成了许许多多单元，有序地排列着，它们不时地映入你的眼帘，给你欣赏、玩味。你不仅眼界大开，如在画中，而且耳际仿佛听

到了音乐的回声，历史的交响乐章，在你的思想荧光屏上浮现出来，你觉得徽州建筑的宏观体系都萦绕着音乐的旋律，你感到徽州建筑的完整序列都激扬着音乐的和声。当你在徽州区唐模、黟县西递等村落寻古探幽时，你见到的路亭、牌坊，好似音乐的前奏曲（序幕、开端）；你驻足观赏的廊桥，仿佛音乐的协奏曲（衬托）；你精心考察的居室，恍如音乐的主体歌（发展、过程）；你凝神注视的宗祠，像是音乐的主题歌（高潮）；你悠然闲

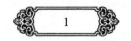

步的庭园，可比音乐的终场曲（尾声）。你的耳际，仿佛奏起了由无数砖瓦木石组合而成的交响乐。这便是建筑的音乐性，也是徽派建筑音乐性。

不仅如此，如果从微观的角度去考察徽派建筑，它的音乐性也是非常鲜明的。它的每一个部件，都回旋着音乐的情韵。例如：歙县雄村文昌阁，阁分两层，每层均有三角形的飞檐环绕四周，具有鲜明的节奏和流动感；徽州区唐模水口亭的飞檐，共分三层，顶层最小，中层稍大，下层最大，层层递增，节奏感强。它们仿佛音乐中的小夜曲一样，在流动着舒缓的均匀的节拍。婺源游山的廊桥柱，徽州区呈坎宝纶阁的石柱，徽州区唐模水街街廊木柱，好像一串串音符，在你眼前掠过；当你漫步其间时，似乎感受到音乐的律动。这一点，同我们在北京颐和园长廊中散步时的感受是一样的。当看见一根根、一排排的柱子从身旁掠过时，就会联想到音符的律动。德国伟大的诗人歌德在罗马圣彼得大教堂广场前的廊间散步时，

古祠堂 木生绘
2014年夏

见到挺拔高耸的柱子，立刻就联想到音乐，仿佛听到了节奏与旋律。他曾大加赞美：建筑是冻结的音乐。和歌德同时代的德国古典美学大师黑格尔，对于建筑的音乐性，也极为重视，对于"弗列德里希·许莱格尔曾经把建筑比作冻结的音乐"①的观点，非常欣赏。所谓"冻结"，富于"凝固"的意义。德国古典美学家谢林，是18世纪到19世纪之间的著名学者，他在《艺术哲学》一书中说："建筑是凝固的音乐。"这句名言，在建筑界和美学界具有经典意义。当你观赏徽派建筑时，就会具体感受到它的真理性和形象性。

当然，建筑是凝固的音乐，是泛指，是广义的，是针对建筑的音乐物质而言。作为徽派建筑而言，它那凝固的音乐性还别具一种特指的意义。如果用一个字来概括，就是突出一个"徽"字。"徽"字，是它的个性特征。它那凝固的音乐性，不能离开徽派的特殊性。这种特殊性就是：古雅淳朴，凝重深厚，隐僻幽邃，清淡简洁。如休宁县秀阳明代三槐堂的一排排、一根根竖立着的柱子，整齐有序地支撑着祠堂的重荷，积淀着千百年王氏家族承传的文化底蕴，萦绕着远古世系的幽雅风韵，耸立在悠远偏僻的村镇中，深藏着鲜为人知的世态人情，静静地消受着流逝的寂寞。它那凝固的音乐性，飘散在古祠的上空，清音袅袅，简淡净洁。它不像皇家建筑木柱那样富丽堂皇，也不像苏州建筑木柱那样繁缛绮丽，更不像古希腊建筑石柱那样巍峨沉重。这就表明，徽州建筑的音乐性是具有自己的个性和徽派特征的。

二、和 谐

徽派建筑的音乐美，其产生的根源在什么地方呢？这要从两方面来加以分析。

从审美客体方面来说，音乐、建筑都属于艺术范畴，都是人们欣赏的对象，因而都是审美客体。

作为审美客体的音乐、建筑，都具有相似、相近、相通之处。这就是说，它们的韵律、节奏都显示出和谐美。它们的韵律、节奏，相互渗透，相互衬托。在建筑中，渗进音乐的韵律、节奏，使建筑含有音乐的元素，这就形成了建筑的音乐性；但这种音乐性是冻结在砖瓦木石等物质材料结构之中

---

① 黑格尔：《美学》（第三卷上册），朱光潜译，商务印书馆1979年版，第64页。

的，因而便被美称为"建筑是凝固的音乐"。

在音乐中，渗进建筑的比例、尺寸等均衡匀称的原则，使音乐含有建筑的元素，这就形成了音乐的建筑性；但这种建筑性是流动在韵律、节奏之中的，因而人们便说"音乐是流动的建筑"。

究其根源而言，建筑的比例美乃是从音乐的韵律、节奏的和谐中衍生、推断出来的。文艺复兴时代，许多建筑学家都认为："从毕达哥拉斯学派关于音乐和谐的见解中最先推断出了一种建筑和谐的理论。"①毕达哥拉斯是公元前6世纪古希腊伟大的哲学家、美学家。毕达哥拉斯学派所创立的这一学说，是建筑和谐论源于音乐和谐论的滥觞。

什么是和谐呢？毕达哥拉斯学派说："音乐是对立因素的和谐的统一，把杂多导致统一，把不协调导致协调。"②我们知道，音阶12345671是不同的，但却可以统一在美妙的动听的乐章里，从而构成和谐，可见和谐精髓便是对立的统一。这是对于和谐的涵义的哲学理解。毕达哥拉斯学派所说的"不协调"，就意味着对立；"协调"就意味着统一。

在音乐中，许许多多、各各不同的音调，有高有低，有长有短。这是多样的、对立的，但却可以和睦相处、相互衬托，统一在音乐的家园里。这种对立的统一，便是多样统一。

多样而不统一，就是杂乱无章。这是音乐的大忌。

毕达哥拉斯学派关于音乐多样统一的和谐论，也影响了建筑。建筑是空间，它由平面、立面、剖面所构成。这三种不同的面在组合时又呈现出多样的形态，但却有机地统一在特定的空间。这便是三度空间（长度、阔度、高度）所凝结而成的整体。无论是古希腊神庙，还是巴黎圣母院，都是如此。婺源思溪敬序堂书斋，也是这样。

但是，徽派建筑的多样统一的和谐美却与西方古典建筑大异其趣。西方古典建筑多以巨石为物质材料，其和谐美必然凝结在石头交响乐中。

徽派建筑多以砖瓦土木为物质材料，其和谐必然凝结在砖瓦土木所形成的造型中。当然，以石为物质材料的建筑也是有的，如牌坊、石桥、石柱等，但多数以就地取材的砖瓦土木为主，如民居、书院等。

---

① 《美学译文》（2），中国社会科学出版社1982年版，第117页。
② 《西方美学家论美和美感》，商务印书馆1980年版，第14页。

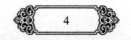

三、审美感官的超越性

徽派建筑音乐美的产生根源，除了要从审美客体方面探求外，还要从审美主体方面探求。审美主体是指具有审美感受能力的人。仅仅是人，而对美毫不觉察，是不能被称为审美主体的。马克思说得好：

> 对于非音乐的耳朵，最美的音乐也没有意义……因为任何一种对象对于我的意义（它只对于与之相适应的感觉才有意义），恰恰等于我的感觉所能得到的意义。①

的确如此，那些不懂音乐的人，即使听觉没有任何障碍，又怎能听懂音乐的节奏、韵律呢？贝多芬、莫扎特的交响乐精美绝伦，对于那些音乐门外汉来说，又怎能产生相应的美感呢？可见，"非音乐的耳朵"，是无法领略音乐的意义的。

唐朝大诗人白居易正由于具有一副"音乐的耳朵"，所以才能听懂那位流浪音乐家、琵琶歌女所弹奏的曲调，才能产生"大珠小珠落玉盘"和"此时无声胜有声"的乐感。

经验证明，当审美客体出现在眼前时，审美主体必须发挥审美感觉器官的功能，同审美客体发生特定的审美关系，才能激起相应的审美活动，从而才能产生美感。对于音乐审美，对于徽派建筑审美，都是如此。

当你走进婺源县汪口俞氏宗祠寝堂时，映入你眼帘的，是支撑横梁、堂顶的木柱。它们井然有序地排列在四方，并与上方的翘角飞檐相呼应，仿佛要升腾。这种动感又好像许许多多的音符，在你面前游荡，在你耳边回旋。你不仅能获得视觉上的美感，而且能获得听觉两者上的美感。这种感觉器官的相通现象，叫做通感。恩格斯说："视觉和听觉所感知的都是波动。"②当你目击徽派建筑中的立柱、飞檐时，你的视觉和听觉相通，"感知"它们都在"波动"，这便是一种通感现象。

中国有一句老话，叫做：耳司听，目司视。中国有句古诗，叫做：红杏

①米海伊尔·黑夫希茨编：《一八四四年的经济学—哲学手稿》，《马克思恩格斯论艺术》，人民文学出版社1960年版，第204页。
②恩格斯：《自然辩证法》，人民出版社1955年版，第194页。

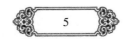

枝头春意闹。目见枝头结红杏，花开千朵万朵，仿佛耳闻春天的脚步声已经到来，万物茁壮生长，欣欣向荣；小鸟的鸣叫声、蜜蜂的采花声，也好似在枝头缭绕。诗人用一个"闹"字，就把春天繁花似锦的景象渲染得淋漓尽致，真是万紫千红总是春！这种实际上只是目见而感觉上却化为耳闻的现象，便是视觉与听觉的相通造成的。这样耳不仅能听，而且能看；目不仅能视，而且能听。当你观赏徽派建筑时，就不仅可获得视觉上的美感体验，而且也可感到听觉上的愉悦了。

如果我们进一步追问：为什么视觉可转化为听觉，听觉又可转化为视觉呢？为什么在观照徽派建筑时能听到音乐的旋律呢？

从根本上说来，这是审美主体的联想、想象所造成的。触景生情，睹物伤怀，托物言志，由此及彼，都会产生联想。想象则更进一步。想象比联想的思维更积极、更生动、更广阔、更美妙。想象可以把审美主体的视觉、听觉等感觉器官调动出来，联系起来；想象下达指令，所有感官就会听从指挥。想象，既可对审美对象进行改造，又可以进行创造。所以，当你看见徽派建筑时，你的联想就参与进来，你把飞檐翘角、马头墙、梁柱等部件的动态美加以引申、渲染、发挥，并想象成音乐旋律，誉之为凝固的音乐。于是，你的审美情感不知不觉地得到了提升，从而获得了巨大的愉悦和满足。

徽州建筑环境十分优美，青山绿水，触目皆是。其音乐的旋律，不仅萦回在建筑之中，而且还飘扬在山水之间；而徽州的天籁、地籁、人籁，又无时无刻不在强化着徽州建筑的音乐美的氛围。

当你在徽州漫游时，你仰而观山，俯而听泉。视觉与听觉联通，服从想象的安排。看到山泉汩汩悠悠地流动、叮叮咚咚地作响，仿佛听见了音乐的绝唱。这种自然的音响，同徽州建筑的艺术乐感，彼此呼应，相互衬托，把徽州渲染得更加动人、更加美丽。

由此可见，联想、想象是有超越性的。它能自由地跨越视、听等审美感官，使建筑、音乐、绘画、文学等艺术门类相互渗透，从而给审美主体以多方面的感受。

你知道"蛙声十里出山泉"的想象吗？这是清代文人查初白（查慎行）诗中的名句。有一天，著名作家老舍以此诗句为题，去请国画大师齐白石为他作画。齐白石凝思片刻，挥毫即就。只见山中流泉，汩汩而出；三五成群的蝌蚪，顺流而下，摇头摆尾，生机勃勃。诗中的意境，也就昭昭然显示在人的眼前。白石老人以蝌蚪出游的动态视觉美，来启动你的听觉之窗，使你

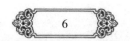

联想到十里之遥的蛙声；使你在想象的心理空间，感到蛙声由山谷传到山外，由山上传到山下，由远处传到近处。这就使你的视觉和听觉都获得了审美享受。

当春夏之交，你在徽州旅游时，这种"蛙声十里出山泉"的实际景象，常常遇到。它对你欣赏徽州建筑的音乐美，不是另外的补充吗？

四、多样统一

徽派建筑多样统一的和谐美，表现在许多方面，具体地说，可分为三大类型。

第一个类型是，以宗族聚居为主的庞大的建筑群。如徽州区唐模，歙县棠樾、雄村，黟县西递、宏村，婺源县汪口、延村等，这些村落，以姓氏宗脉为主体，聚族而居，其建筑除了可供许多家庭居住外，还要建设维护宗族观念的祠堂，树立众人景仰的牌坊，创造承传祖先文化的书院，建造供大家通行的石桥，提供人们休息的场所（亭、台、阁、园）。这些建筑，功能不同，形态各异，多姿多彩，但都是围绕着宗祠，组成系列的有序的统一体，以宗祠为中心，辐射出美的光芒。

当你到西递村旅游时，首先映入眼帘的是一座巨大的牌坊。这是胡氏家族的赫赫有名的功德坊。它是为表彰明代有功之臣胡文光而树立的，它凸显

黟县西递街道

木生摄影

了明代嘉靖年间胡氏家族的威风。后代胡氏子弟，均以此为骄傲。它仿佛是戏剧的序幕，开场时就以昂扬的声韵、激越的情调，去叩动观众的心弦，给人们造成强烈的印象，使人们怀着崇敬的心理，经过这座牌坊，跨进村口，并期待着下面的场景的到来。这是一切艺术的共同点：开头要吸引观众，引起读者的好奇心。看起来，以"荆藩首相"为头衔的胡文光功德坊的设计思路是紧紧抓住了人们的审美心理的。如果我们把徽派建筑比作为具有徽派特色的凝固的音乐的话，那么，胡文光坊就是突出胡氏宗族崇敬理念的石头交响乐的序曲。

当你迈开脚步，走进村口之时，你并未看见溪水的流动，但你仿佛听到了河水的流动声。这是什么道理呢？原来你的眼前有一个长长的平台，台上是船形的建筑，在你的联想、想象中，船向西行，激起了阵阵浪花，回荡着阵阵音韵，给你以轻松的感觉和优美的享受。这种美感同前面所说的美感是个巧妙的对照。前面提到，见到胡文光石坊，会产生一种庄重严肃感。这种

感觉和轻松自如的优美感相比，是迥然不同的。带着这两种具有差异性的美感，深入西递村，观赏建筑的美，就会形成美感心理状态的跌宕起伏，时而庄严，时而轻松，时而庄严与轻松互相渗透。当你在一百几十幢明清建筑居宅中漫游时，这种美感不由地得到进一步深化和发展，这种无声的韵律、节奏，不断地在马头墙上飘扬，在廊柱、飞檐下回旋，在你的耳际振荡。如此情境，正是西递村的凝固的音乐的主体和基本蕴涵。

当你蓦地驻足在西递村的中心地带——敬爱堂前时，你的情感骤然得到了提升。这座祠堂建于明代，堂前飞檐，向左右两边弯曲上翘，流云飞鸟，翻滚在翘角上端，形成了难以名状的流动美、曲线美。它本身不仅是优美的、轻盈的，而且还带动了立柱的升腾，带动了整个祠堂的升腾。这就使它的轻柔之美和宏壮之美有机地结合在一起，从而形成壮丽的风格。当你跨进祠堂、四面环顾时，只见一排排立柱，支撑着高大的屋梁，像一串串音符，在你耳际回旋，在你眼前凝固。你的审美情绪，也随之升腾，随之膨胀，酣

西递胡氏宗祠入口

木生摄影

畅淋漓，尽情挥发，连连高呼：壮哉！美哉！你的审美感逐渐积累，逐渐加厚，逐渐拓展，逐渐沉淀，最终惊现高潮。这是不断深化的结果，也是敬爱堂的多样统一的和谐美作用于你的大脑、使你的审美情绪集中地得以提升的结果。

当落日的余晖抹在祠堂顶端时，你心中久久不能平静，你得到了最大的满足，你舍不得离开，还想多看几眼，以至于你跨出大门门槛以后，还经常回转身去，对它频送秋波。

如果说，以宗族聚居为主的庞大建筑群表现了多样统一的和谐美的话，那么，以家庭为独立单位的民居，也具有多样统一的和谐美。这是第二个类型。

就一家一户的住宅而言，其建筑结构造型，虽然婆娑多姿，但都遵循特定的程式、规范，具有完整的统一性。一般地说，民居都有天马行空的马头墙，都有四水归堂的天井，都有采光的天窗，都有挺拔的立柱，都有隔离的板墙，都有美丽的三雕（砖雕、木雕、石雕），都有小巧的庭园，都有白色的粉壁，都追求黑白相彰的造型，如此等等，都显示出美的多样、丰富；但它们却不是孤立的、游离的、杂乱的，而是有机地结合在一起的统一体，是经过能工巧匠匠心独运而创造出来的艺术品。

当你走进西递村民居履福堂时，你就会看到，它是西递村庞大的建筑群中的一个独立的单元。它以家庭为单位。它从某一角度凸显出西递村建筑群的共性，又显示出自己独特的个性。这表现在：它的建筑位置比较隐蔽，在村落街道的曲径通幽处，可以给人以较多的想象，给人以宽裕的回旋余地，给人以较大的期待空间。此外，它的门墙高大厚重、沉稳结实；马头昂立墙上，骧跃飞腾。这种马头墙不仅能起到围隔作用，具有空间门户的独立性，而且凸显了飞马高墙的节奏美和韵律美，为凝固的音乐增添了动人的一曲，并和墙内的天井紧紧相连，与住宅的飞檐相互照应，同明堂的立柱一起腾飞，从而结成了富于动感的多样统一的和谐美。

此外，就徽派建筑单体部件而言，也显示出多样统一的和谐美。如歙县北岸廊桥，乃古屋、廊桥、粉墙、透窗的结合体，其结合的重点落在一座桥上。桥有三个弧形孔，弧形孔的倒影映入水中，呈现出三个弧形孔的虚空形象，并与三个弧形孔的两端各各连接，天衣无缝，由岸边看去，仿佛桥孔变成了三个圆形。不过，桥孔的半圆弧形是静态的实体，其倒影则是动态的虚像。这种美，可谓动静结合，虚实结合。由于水的流动，微风过处，产生了

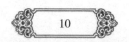

阵阵涟漪，这就使倒影时起时伏，上下浮沉，弄得桥孔也好像晃荡起来。

尤其令人兴奋的是，桥上长廊白粉墙上，横列着许多雕窗，每个雕窗都保持着特定的距离。有的像旗帜，有的像葫芦，有的像树叶，有的像瓶子，有的呈圆形，有的为明窗。它们姿态横生，各竞风流，但都统一在明洁耀眼的墙体上，形成了多样统一的和谐美，并与桥孔中空灵美的女神相依偎，共同聆听着流水的歌唱声。如此徽桥的代表作，难道不是一曲美妙的凝固的音乐么？

五、无声似有声

徽派建筑"冻结"在徽州山水之间，并向其他地方辐射，经过数百年风风雨雨，依然岿然不动，熠熠生辉，并弹奏着凝固的音乐。如：歙县郑村明代忠烈祠石坊，歙县郑村郑氏宗祠，都冻结着有形无声的音韵。

然而，这种凝固的音乐，却是无声的、看得见的，而音乐则是有声的、看不见的。这就把建筑和音乐区别开来。建筑的节奏、比例、韵律是诉之于视觉的；它所结构的图案、形象，是看得见、摸得着的，是有形无声的，是不动的，因此，它的音乐美，乃是此时无声似有声的美，人们在观赏徽派建筑时，把它说成是凝固的音乐，只不过是从比喻、象征的意义上加以诠释罢了。因此，就科学的门类区分，徽派民居、宗祠、牌坊等毕竟属于建筑，而不是音乐。总之，建筑是视觉艺术，音乐是听觉艺术。这是从感觉器官的角度来说明它们之间的不同的。

此外，我们还可以从空间和时间上来区分建筑和音乐。

建筑具有三度空间，这说是长度、阔度、高度所结构而成的立体空间。而音乐则不同，它不能凝固在具体的空间方位上。它是流动的。它这时出现了，那时却消失了。它在特定的瞬间显示自己，又在特定的瞬间流逝。相对而言，它是短暂的、抽象的、难以捉摸的。明清时代的徽腔、徽调，流逝得多么迅速？而那时的许多建筑至今仍矗立在徽州大地。这就表明：建筑是空间艺术，音乐则是时间艺术。

徽派建筑是具有三度空间的实体，它稳固地镶嵌在大地上；音乐却排斥三度空间，而只是飘忽不定地游荡，在流逝的时间中流逝。因此，从艺术形象的直接性、物质性方面来说，徽派建筑属于造型艺术；从艺术形象的间接性、精神性方面来说，徽派音乐则属于心情的艺术。德国古典美学大师黑格

尔认为："音乐是心情的艺术，它直接针对着心情。"①又说："建筑用持久的象征形式来建立它的巨大的结构，以供外在器官的观照。"②这对我们理解建筑与音乐的区别，提供了坚实的理论基础；对我们理解徽派建筑的特点，也有启迪作用。

西递清代绣楼"桃花源里人家"

木生摄影

① 黑格尔：《美学》（第三卷上册），朱光潜译，商务印书馆1979年版，第332页。
② 黑格尔：《美学》（第三卷上册），朱光潜译，商务印书馆1979年版，第336页。

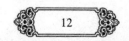

第二章　徽派建筑的雕塑美

一、寓无限于有限，变无情为有情

皖南泾县，与徽州毗邻。其村落住宅，多受徽派建筑影响。打上"徽"字标记的，可谓比比皆是。查济村落建筑，就是其中的典型。

全国佛教四大名山之一的安徽九华山，蜿蜒曲折，绵亘千里。九华余脉，一直延伸到查济。查济得天地之灵气，四周群山环抱，树木成荫，郁郁葱葱，青翠欲滴。村前小溪，缓缓流淌，玲玲琮琮，跳跃起伏。村街傍水而筑，街道以石建成。这里的居民，过着安宁平静的生活，没有城市的喧嚣。陪伴着他们的，是居室凝固的音乐的旋律，是小桥流水的歌唱声。查济徽派建筑，经数百年风风雨雨的侵袭，历尽沧桑，毁坏甚多，至今仅剩明清建筑二百多处。

最引人注目的是总兵府遗址建筑群。

只要查阅一下泾县《查氏支谱》中的地图，就可看到一幅"九都正村"全图。总兵府遗址就坐落在"九都正村"。

总兵府因查国宁曾任总兵这一官职而得名。查国宁于明代万历三十五年考上了武进士，当过山海关总兵，因而他的故乡宅第也被称为总兵府。如今，这座府第虽已残破不全，但从巍峨的门墙、精致的石雕、伟岸的门楼、壮丽的祠堂、跌宕的马头墙中，仍可略略窥及它那昔日繁华的风采。

特别是现存的柱础，除了精美图案的石鼓形象外，还有力敌万钧的大力士形象。一个大力士上身全裸，乳房丰满下垂，肚脐突出溜圆。他只用右手承托起柱子的重量，左手却轻松地搭在腰间，显得自然而然，毫不在乎，下肢则作蹲状。

另一个大力士则像坐的样子。他双腿分开，平均使用全身力气。上身虽然穿衣，但胸怀裸露，肚脐突出。上衣只扣第一颗圆形纽扣，褂边向两侧卷

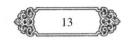

曲，显示出冻结的流动美，并衬托力士轻松的神情。他不是用一只手托起柱子底部，而是用一双手托起柱底部，他双臂高举，紧紧地带动着双手，双腿、双脚分开，浑身上下，无不表现了力的均衡、匀称。

大力士都睁着大眼，显出威武的表情。大力士肚大腰圆，气力充盈，真是：力拔山兮气盖世！

大力士，在现实生活中是存在的。手劈红砖，块块断裂，这不是力的召唤吗？头撞石板，石破天惊，毛发无损，这不是气的功能吗？大力士肚皮上堆石头，一锤砸下乐悠悠，顽石点头已破碎，力士精神益抖擞。这不是常见的天桥把式吗？

既然生活中有大力士，为什么在艺术中不可表现大力士呢？建筑艺术是艺术的一大品类，是再现人的居住生活的载体，是传播文化的媒介。泾县查济村总兵府建筑遗址上出现的大力士形象，是符合生活的真实的，也是符合艺术的规律的。

社会上大力士，是司空见惯的。艺术中的大力士形象，是经过分析、概括、加工、创造而成的；而查济总兵府大力士形象，其构思之奇特，创意之奇崛，技巧之奇妙，堪称稀世之宝，人所罕见。

生活中的大力士，可以力敌数百斤，乃至千斤，说得夸张点，可以力敌万钧。古典小说经常描写万夫不当之勇，《三国演义》中刻画张飞：当阳桥上一声吼，喝断桥梁水倒流。这不过是罗贯中的夸张笔墨，但在后来的徽雕中也有表现。

大力士毕竟是人。人的力量有其生理上的极限。在极限以内，人才可以承受外部的重压；超过极限，人就无法承受。就拿举重运动员来说，在极限以内，也只能支持瞬间；否则，就会被压垮。

但是，泾县查济村查国宁总兵府大力士形象，就具有超人的力气。他要顶得住柱子的重量，柱子顶端要顶得住横梁的重量，横梁还要承受屋顶的重量。总之，柱子、横梁、屋顶重量，都要压在大力士形象上面。其所承受的重量，又何止万钧、万万钧？如果叫世界举重冠军去托举，那不被压扁才怪。这虽是一句调侃的话，但却表明：人的力，毕竟是有限的；超人的力，却是无限的。

查济村总兵府建筑设计师真是好样儿的，在构思大力士形象时，匠心独运，别出心裁，为了承受建筑巨大重量，除了构造内部各种部件予以支撑外，还在承重的关键部位——柱础，雕塑"无限"，并把"无限"凝聚在大力

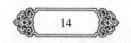

士形象中。这样，他才有无穷无尽的气力，顶得住，顶得好，从容不迫，面不改色。

作为单个的人来说，现实生活中的大力士，力气再大，也是有限的；但作为社会的群体来说，人的力量却可通向无限，因为人是社会关系的总和。古代建筑师在创造查济村总兵府大力士的形象时，不仅再现了个体的力量，而且表现了群体的力量。具体地说，说是把许许多多个体的力量，综合、凝聚在一起，集中到大力士身上，从而塑造出大力士这类典型。在这类典型身上，既可看到个体的有限，又可看到群体的无限。这种个体中寄寓群体、有限中深藏无限，便是大力士形象的生动之处。

建筑师是怎样表现和再现的呢？

这就是由于运用了夸张的手法。建筑师把人的无限创造力浓缩在大力士的全身，并通过头顶、手托、臂举、臀坐、腿蹲、腹鼓等部位用劲的情状，形成合力，向上方运作，从而巧妙地结成了不可思议的反冲力，抵住了巨大重压，真可谓力大无比，气壮山河。这种膨胀到极端的力的刻画、气的描写，难道不是夸张？这种夸张，如果用一句美学语言来表述，便是人的本质力量对象化。即将人的本质力量倾注到对象（这里是指大力士形象）中，从大力士形象中，就可见到人的本质力量。这种人的本质，既指人的生物性，更指人的社会性。人们从大力士形象中，看到的不仅仅是个体，而是代表千千万万人的群体。作为查济村总兵府建筑师，当然在理论上不知道什么是人的本质力量对象化，但在实践上却表现了这一点，然而，我们却可站在美学高度去进行分析。美是人的本质力量对象化，这是当今许多美学家对于美的涵义的概括。这一概括，虽然不尽周全，但是否可以借用来评估查济总兵府大力士形象呢？

明代查国宁是一名武进士，他虽然在山海关担任过总兵，但却未忘光耀门庭，因而便在查济建设府第。他那耀武扬威的思想，凭借山海关的好风一直刮到家乡，并通过相应的形态表现出来，其总兵府建筑，当然会染上主人的情感色彩。主人的爱武思想，随着岁月的流逝而成为历史，但在大力士形象中，尚可依稀辨别出它的痕迹。我们遥想当年主人的万夫不当之勇，我们联想到大力士形象的威慑作用。在封闭数百年之久的江南村落，有此镇宅之宝，内心自然安稳。外界如有侵扰，有力士形象壮胆，何足惧哉！

从建筑美学的角度去理解，柱础上的大力士形象，固然有其实用功能，但更多的则是审美功能。当我们看到他在用力支撑时，我们的心理感觉器官

西递敬爱堂木柱头

木生摄影

也被调动起来，我们的情感之流也不由自主地向他身上灌注、投射，仿佛我们也在用力，也在屏气凝神地向上顶去。这种情感的移动现象，叫做移情，或者叫做移感。这是文艺心理学上的一个术语。著名美学家朱光潜先生把移情的特征说成是物我同一。作为实物的柱础上的大力士用力上顶，作为我的审美主体也用力上顶，这难道不是物我同一吗？著名诗人、学者郭沫若，在其划时代的著名诗集《女神》中的一首诗《立在地球边上放号》里，曾经歌唱过力的绘画、力的舞蹈、力的音乐、力的诗歌、力的律吕。这对人们的建筑审美，不是有很大的引导作用吗？

当我们看见徽派建筑石柱、木柱仿佛升腾时，我们心理上也在用劲，也在升腾。这不是一种移情现象吗？

德国著名美学家立普司创立的移情说，在美学界有着广泛的影响。他曾以古希腊道芮式石柱为例，来鼓吹移情说，认为该柱刻有槽纹，可引导观众的视线上移、升腾，并把自己的力气也同时射入柱中。据此，立普司认为，

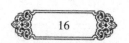

无情之物之所以有情，完全是由于人的情感外射的结果。由此可见，审美主体将情感注射给审美客体，并认为审美客体也具有这种情感，这种主客交融、物我同一的现象，叫做移情。当你伫立在歙县雄村曹氏功德石坊面前时，你看到四根方体石柱一字儿排开，支撑着牌楼，其上端的长度远远高于牌楼，十分突出地凸显了石柱直插云霄的审美功能。当你静心观照时，你不期然而然地感到：自己仿佛也要上腾。这种移情现象，不仅在观赏石柱时会出现，在品味徽派建筑其他有关部件时也会产生。当你驻足婺源镇头明代建造的阳春戏台前面时，你目测飞檐翘角双双欲飞的情景，不是也自然而然地产生一种飞跃感吗？当你漫游徽州时，随处可见的马头墙、腾骧飞跃，奋力向前，跌宕起伏，簇拥而至，仿佛群马奔驰，形成不可遏止的浪潮，滚滚向前。联想至此，你的思绪也长上了翅膀，随之自由翱翔在天空。这种情感向心力与马头墙腾飞状态的契合现象，当然也是一种移情。

移情现象不仅表现在徽派建筑的欣赏中，也表现在其他艺术欣赏中。了解其他艺术欣赏时的移情作用，对于领悟建筑艺术的移情，也是有帮助的。

画家画草虫，完全陶醉在创作中，不知自己是草虫，还是草虫是自己。

歌德观赏大画家鲁斯画的羊群，不知自己是羊，还是羊是自己。

《红楼梦》中的林黛玉，看到花的凋零，便联想到自己的凄苦命运，因而便去葬花。她阅读《西厢记》、《牡丹亭》时，因感于书中女主人公的不幸而暗自垂泪。

唐代大诗人李白在《月下独酌》诗中，把月亮看成有情的人，写出了"举杯邀明月，对影成三人"的名句。

这都表明，不同艺术品类，都有移情描写。

但是，我们对于移情现象，必须作出科学的解释才行。

就拿徽派建筑来说，它的马头墙也好，飞檐翘角也好，柱子也好，大力士雕塑也好，都是用砖石土木等材料结构而成的，它们本身是没有生命的，是无情的物。

把无情的物说成有情的物，是审美者的想象、情感的渲染所造成的。它是主体对客体的反映，其过程可表述为：

客观事物的美（映入）——→审美主体的大脑（加工、改造、创造）——→审美主体的美感体验寄植到审美客体中（主客体统一）——→审美主体的美感和审美客体的美相互交织（移情作用出现）。

由此可见，移情现象之所以产生，从根本上说，是由审美主体的大脑思

维活动所造成的。前面提到的马头墙、飞檐翘角，实际上不能飞腾，而是凝固在那里；它的飞腾情景，是审美主体联想的产物。徽州建筑中的柱子、大力士雕刻，之所以像上升的情状，之所以有力敌万钧的气概，同审美主体的情感投入是分不开的。

在徽派建筑审美中，固然存在着移情现象，但并非所有的欣赏者都能出现移情。由于欣赏者的生活经验、文化水平、审美修养等不同，在欣赏时有的会产生移情现象，有的则不一定产生移情现象。有人欣赏时，只是停留在较浅层次，尽管叫好，也不知好在哪里，更不会把情感投射到审美对象身上，这就不会出现移情。当然，我们也不能由此得出结论，说那些未产生移情的欣赏者都不懂得审美的奥秘，不知道美的底蕴。有的欣赏者，经验丰富，水平很高，对于某种美只是匆匆一瞥，并未产生移情活动，你能说他是门外汉吗？有的欣赏者，对其熟悉的审美对象，往往产生移情；对其陌生的审美对象，则往往难以出现移情，你能求全责备吗？有的欣赏者，此时此刻可以产生移情，彼时彼刻就不大能出现移情，你能笼而统之地对他下结论吗？有的审美对象虽然很美，但不一定都具有激起欣赏者移情的诱发剂和元素，你能责怪欣赏者缺少移情的细胞吗？可见，移情只是欣赏者的一种重要的审美心理活动，而不是唯一的审美心理活动。审美心理活动方式，固然有移情的，也有非移情的。

当然，移情毕竟是一种较高层次的审美心理活动。经验的多少，水平的高低，修养的深浅，对于是否能够产生移情至关重要，对于移情的浓淡、厚薄程度，都会产生影响，为了更好地欣赏徽派建筑，就必须提高自己的素质，不断地充实自己，把"非音乐的耳朵"转变为"音乐的耳朵"，这才能听到徽派建筑中"凝固的音乐"，并使自己的情感充分向外扩散，向审美对象放射。

二、性别交叉，理念冲撞

查济村总兵府建筑柱础上的一尊大力士，上身裸露，双乳丰满下垂，是男性还是女性？这是难以回答的。说他是男性，那么，为什么乳房却硕大下垂呢。固然，在生活中也有一些大力士和胖男子奶子丰实下坠的现象，但毕竟是少数。说他是女性，那么，在程朱理学思想统治的江南，又焉能允许这样做呢？也许很多人都认为他虽然赤膊上阵，丰乳坠坠，但作为男士，也是

一种特有的存在，就连笔者，也没有排斥这一看法，没有充足的理由否定这一看法。然而，笔者也没有充足的理由说他没有女性的特征。

问题的关键在于：这里涉及明代的道德伦理观念和建筑师的美学理念的冲突。明代封建统治者宗奉三纲五常的信条，妇女被当作附属品，因而作为武进士和总兵的查国宁，是不会反其道而行之的，所以就不大可能同意在自己故乡府第建筑柱础上雕刻女性力士形象；否则，就难免受到舆论的谴责、宗族的反对、上级的制裁，甚至可能丢掉乌纱帽。他即使有进步的妇女观，也不敢冒这种风险。作为建筑师来说，在雕刻力士形象时，虽然不一定要同封建道德伦理观念唱对台戏，虽然不一定毅然决然地违反当地的宗法思想，但却不一定百分之百地按常年在外做官的主人的意志行事。他还具有自己独特的艺术理念和表现方法。在不直接地同歧视妇女的思想发生碰撞的前提下，他可以通过暗示、象征的手法，运用隐晦的建筑语言，去凸显自己的意图。因此，便在大力士形象胸部雕刻了丰满下垂的乳房。这就使这一形象和女性特征联系起来，诱发观者产生女性力士的推想。女性居然能成为大力士，居然能抵抗万钧重压、支撑查济总兵府府第，这难道不是对妇女力量的讴歌吗？当然，这一联想与推论，是我们看到这个形象后得出来的，但这一形象，却为我们的联想与推论提供了出发点。建筑师在塑造这一形象时，也不一定明确地意识到这一点，而我们却意识到这一点，这真是：形象广泛于思想！

退一步说，建筑师并没有把大力士雕造成女性形象。建筑师只是运用典型化的方法把生活中长着丰满乳房的力士移植到雕刻中而已。这里，虽可聊备一说，但却从另一角度表明建筑师构思的大胆、特异、不同凡响。这是因为：第一，古人衣着，长袍大褂，蔽体性很强。即使男性，也是如此。裸露者实属罕见。查济总兵府建筑师不按封建常规办事，竟让大力士形象上身裸露。这一构思，可谓奇崛之至！前卫已极！第二，建筑师赋予大力士形象以两个下垂的乳房，这同明代封建信条中的"非礼勿视"的观念是相左的；更何况还可使人联想到孕育后代、繁衍子孙的妇女，这更是封建理法所不能容忍的了。如此从大力士形象中所流露出来的客观意义，尽管未必为建筑师所认知，但却曲折地显示出建筑师的潜意识与封建伦常观念的冲突，表现了大力士形象与宗法思想的矛盾。

作为今天的审美者来说，在观赏查济总兵府大力士形象时，必须透视其中深部隐藏的奥秘。是男是女，不必深究，而应着重探索个中交融、互渗的

不确定性，挖掘出个中丰富、深厚的模糊美，从而获得更多的审美感受。

三、建筑超越雕塑，雕塑超越建筑

查济村总兵府第大力士形象性别问题，已经令人扑朔迷离；其阴阳互渗的奥秘，给观赏者带来了难题。但问题还不止于此。他究竟是属于徽派建筑呢？还是属于徽派雕刻呢？

说他是徽派建筑吧，他却是徽派雕刻。他是艺术家以石为材料，以刀子、凿子、斧子为工具，所雕刻而成的形象。

说他是徽派雕刻吧，他却是徽派建筑。他是建筑柱础的有机组合，是柱子赖以支撑的底部，是徽派建筑的重要部分。查济总兵府府邸建筑，如果没有大力士雕刻形象的支撑，那会失去很多给人想象、思考、再造的空间，那就削弱了建筑本身的客观意义。相反，如果大力士形象完全脱离查济总兵府建筑柱础，而是孤零零地坐着或蹲着，那么，就失去了建筑的风韵，仅仅成为雕塑。

查济村总兵府大力士形象，是建筑中的雕刻，雕刻中的建筑，是建筑与雕刻的交叉、结合。他显示出徽派建筑与徽派雕刻的相互渗透，你中有我，我中有你，亦此亦彼。这是符合模糊美学中不确定性原理的。这就表明：徽派建筑含有极其充沛的膨胀力，表现出强大的外溢性。它超越自身，不断向其他艺术领域渗透，并吸取其他艺术的营养，以滋补自己，使之达到彼此圆融的境界，同时具有建筑和雕刻属性的查济村总兵府大力士形象，就是一个典型的例子。

在外国古典建筑中，也存在与雕塑的相交现象。在古希腊，阿波罗神庙的石柱，像男子汉，体魄健美、力大无穷，支撑着神庙的重压。其身高为脚长的六倍，因而石柱与柱础高度之比也是六比一。这种柱式，被称为道芮式，象征着刚强、坚韧不拔的壮美。这种石柱，既是建筑，又是雕塑，是建筑与雕塑的互渗。

至于狄安娜神庙的石柱，则具有另一番风韵。石柱为婀娜多姿、身材苗条的妇女形象。柱础好像是鞋子。柱头两侧呈涡卷形，好似漂亮的卷发。柱身上有垂直的凹槽，仿佛长袍的皱褶。这种具有阴柔之美的柱式，叫做爱奥尼柱式。它也体现出建筑与雕塑的互渗。

建筑与雕塑相交，具有珠联璧合的美，具有建筑的雕塑美，但就其总的

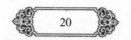

艺术门类而言，仍属于建筑。徽派建筑与徽派雕塑之间的交叉、融合，其最终落脚点仍在建筑工地，徽派雕塑是为强化徽派建筑的美而服务的。因此，徽派雕塑是徽派建筑的装饰，徽派建筑是徽派雕塑的依托；徽派雕塑是徽派建筑的外表，徽派建筑是徽派雕塑的表现主体。二者熔于一炉，各呈异彩；堪称珠联璧合，共铸璀璨。

就徽派建筑、徽派雕塑和人的关系而言，它们都是主人无机的身体，它们和主人关系至为亲密，它们是主人审美情趣的表征，它们是主人心理活动的外化。

就徽派雕塑而言，包括雕和塑两个方面。雕，指雕刻；塑，指泥塑，也含有塑造的意思。即使雕刻，也是艺术塑造，所以也可称之造型艺术。但徽派雕塑，毕竟雕刻多，泥塑少。同徽派建筑合为一体的泥塑，甚少，甚少，甚至难以见到，而那些成为独立形态的泥塑，如财神、关公、观音菩萨，也只是作为崇拜的对象而被供奉着。

在徽派建筑雕塑中，除了表现象征人物的形象（如前面所举例的大力士雕刻）外，还有动物、植物和其他形象。徽派建筑屋顶、屋脊，有些以土烧制的雕塑，或者是吉祥物，或者为镇宅之宝，或者系装饰品，都不同程度、或多或少地借鉴了中国古代建筑雕塑。如：天马、狮、虎、凤、仙人、斗牛、獬豸、押鱼、狻猊、海马等，均系古代屋顶、屋脊雕塑，大都是以土为原料烧制而成。这对徽派建筑屋顶、屋脊上的雕塑，都产生过影响。例如：绩溪华阳镇上的屋脊装饰，有古代人物栩栩如生的群像；绩溪华阳镇周氏宗祠的屋脊装饰，则有站立屋脊、昂着脑袋、张着牙齿、咧开大嘴、竖着尾巴的金狮形象。这些，都属于徽派建筑上的徽派雕塑。

第三章　徽派建筑的装饰美

一、为了观赏，令人愉快

徽派建筑不仅追求实用，而且追求美。它除了自身要符合美的规律（和谐）以外，还要求依从于它的雕塑、彩绘等都符合美的要求，这就是装饰美。具体地说，就是要求在形式上装扮修饰、美化一番。

徽派建筑的装饰美，主要表现在徽派雕刻中，其次表现在徽派软塑（泥塑、陶塑等）和徽派彩绘中。

一块木料、一条青石、一堆泥土，本来是没有生命的东西，但是到了徽派艺术家的手中，却把它们创造成栩栩如生的形象，赋予它们的鲜活的生命力，使它们变成美的作品。用德国美学大师黑格尔的话来说，"艺术家把灵魂灌注到石头里去，使它柔润起来，活起来了，这样灵魂就完全渗透到自然的物质材料里去，使它服从自己的驾御"。[①]这段话也可用来说明徽派建筑创作。

雕刻和泥塑、陶塑，合称为雕塑。雕刻的材料是硬的，如象牙、玛瑙、水晶、玉石、砖瓦、木料，甚至还有金属等。塑的材料是软的，如泥土、石膏之类。法国19世纪雕塑艺术大师罗丹认为：雕塑必须遵循"塑造的科学"原理。可见无论雕也好，塑也好，都不是随意的，而是艺术的塑造。罗丹的雕塑，很多是偏重于塑的，因而他经常用软性物质材料去塑造人物形象，如《流逝的爱》、《雨果纪念像》，为石膏塑成；《巴尔扎克》，为上釉粗陶制就。此外，他也常用硬性质地的材料去塑造形象，如《地狱之门》、《丑之美》、《青铜时代》、《思想者》等，都是用铜铸造而成的。至于《思》、《幻想——依伽之女》、《马身人首》，则是用大理石雕琢而成的。这些作品，称之为雕塑，乃是通行的说法。德国古典美学大师黑格尔称雕塑为雕刻。当今美学则因雕

---

① 黑格尔：《美学》（第三卷上册），朱光潜译，商务印书馆1979年版，第137页。

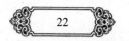

与塑之间的密切渗透，而不加以区分，一般叫做雕塑。

如果给雕塑下个定义，似乎可这样认为：以雕、刻、镂、琢、凿、塑、铸为手段，以金、玉、牙、木、石、土等为物质材料，去塑造长、阔、高三度空间的形象，去表现生活的艺术，叫做雕塑。

如果说，建筑是凝固的音乐，音乐是流动的建筑；那么，雕塑便是静止的舞蹈，舞蹈则是流动的雕塑，人体的旋律。这些，当然是就其象征、暗示、比喻的意义而言的。

如果说，在建筑与雕塑的结合中，建筑是实用和审美的统一；那么，雕塑却是审美和实用的统一。那就是说，建筑是以实用为主的，雕塑是以审美为主的。

在了解上述问题后，再分析徽派建筑中徽派雕塑的审美功能，就会更清楚一些。

徽派雕塑，可说雕多塑少。一般地说，我们所讲的徽派雕塑，主要是就徽派雕刻而言。

徽州山高林密，物产丰富，青石处处，佳木荫荫，且土质粘而富于韧性，故就地取材，塑造三雕（石雕、木雕、砖雕），实在是得天独厚。

如果说，徽派建筑是徽州人居住、瞻仰、纪念、活动的场所，而偏重于物质存在的客观性、实用性的话；那么，徽派雕刻就是徽州人强化建设、美化生活的装饰，它偏重于揭示精神的主观性、审美性，更富于人情味。它是徽派建筑美丽的衣裳，是徽州人欢乐情绪的对象化。德国古典美学大师康德说："为了观赏而造成的雕刻应自身令人愉快。"[①]这里，强调了雕刻的审美功能，也是适用于解释徽派雕刻的装饰美的。在徽派建筑梁、柱、柱础、斗拱、雀替、门、窗、墙、屋脊等部件，雕刻上凤、日、月、花、鸟、鱼、虫、草、木等花纹图案，就富于装饰之美。它们令人赏心悦目，产生美感，并乐于安居在如此住宅环境中。因此，徽派雕刻，不仅凸显出本身的美，而且优化了徽派建筑的美。

二、轻巧灵动，抗拒沉重

徽派建筑雕刻，轻盈、巧妙、灵活、飞动，富于变化，具有自由、活泼

---

① 康德：《判断力批判》上卷，宗白华译，商务印书馆1987年版，第169页。

的特性，蕴含升腾、昂扬的美感。因为徽派建筑，特别是民居、祠堂，其梁、枋、屋顶等，是十分沉重的，也是非常牢固的，这就会或多或少地造成房主、居者的心理压力，从而形成建筑（客体）与人（主体）之间的矛盾。为了化解、消除这种矛盾，徽派建筑雕刻师，便匠心独运，塑造轻巧、灵动的饰物，装点建筑，并透过沉重的建筑，凸显出特有的轻盈之气、巧妙之力、灵活之姿、飞动之势，给人一个平衡的和谐的心理空间，使人感到舒畅、愉快，而不是压抑、沉重，更不是透不过气来。当你举首仰视中梁上雕刻着飞翔的仙鹤时，当你看到梁枋上飞燕凌空的形象时，当你观照梁柁上奇花异草时，你的审美心理的闲适感、轻松感、愉悦感，不禁油然而生；那种硕大、沉重的压抑感，就会隐藏在脑后，或悄然消逝。当你到屯溪旅游时，你可在柏树街汪宅驻足，当你看到这所明代民居中堂前横枋两侧的"如意"雕刻时，你不禁惊呼妙极！这"如意"形象秀美，生机勃勃，轻巧灵动，世所罕见。它首先给你的审美心理空间输送了舒缓、平和、升腾之气，使你的每个毛孔都充盈着愉悦感。你先入为主，待你再仰视室内沉重的建筑时，你哪里还会产生什么压抑感呢？再如：明代万历年间建成的方士载宅，坐落在歙县城内，其宅内梁柱两侧雕刻的雕花叉手，状如飘带，富于流美；脊瓜柱下面的收杀，好似鹰嘴一般。它那昂扬、上升的样子，对于建筑的沉重感来说，不是可以起到缓释作用吗？

再拿日月星云等自然物来说，它们以浩渺无垠的宇宙为活动场所。它们高悬天际，无忧无虑，自由自在，飘来忽去。它们给人的不是沉重感，而是飘逸感、升腾感。徽派建筑雕刻师，用艺术家的眼光，把它们加以改造，把它们的形体予以浓缩，刻画在梁枋上。这就在人们的审美心理上，减轻了重负，消解了视觉器官的压迫感。

尤其是流云、珍禽的动态美、曲线美、轻盈美，对徽派建筑雕刻影响很大，其美的渗透力也很广泛。如：泾县查济村明末建成的二甲祠后楼，飞檐徐徐外挑，弯曲上腾，仰首观照，令人飘飘欲举。其雀替上端，流云飞卷，令人叹为观止。其梁枋柱头，或曲线溜圆，或转折在方，或花团锦簇，或一枝独秀，均给人以柔润、轻巧、灵动之感。

在唐朝著名诗人王勃的笔下，滕王阁这座雄伟的建筑，不仅不会给人以沉重的感觉，而且使人的情绪得到升华。这同诗人描绘对象有关。知道这一点，对我们观赏徽派建筑雕刻的装饰美，是有启迪作用的。下面是王勃《滕王阁序》中的滕王阁诗：

> 滕王高阁临江渚，佩玉鸣鸾罢歌舞。
> 画栋朝飞南浦云，朱帘暮卷西山雨。
> 闲云潭影日悠悠，物换星移几度秋。
> 阁中帝子今何在？槛外长江空自流！

对于这首诗，且不全面地剖析其艺术价值，单就其文学和建筑学的审美角度看，其描绘的高明、手法的巧妙，也是无与伦比的。诗中"滕王高阁临江渚"，凸显了滕王阁的伟岸，表现了它的空间美。"物换星移几度秋"，显示了它俯视江河、岁月悠悠的时间美。尽管高阁、梁栋体积巨大，巍然矗立，而有量的沉重，但由于有绘画的装饰、流云的翻腾、朱帘的漫卷、闲云的轻渡，反而使你在领略雄放的风韵时，增添几分清丽、柔婉之情，一点不会感到压抑。当然，诗，毕竟是显示语言的间接性的艺术，因而不可能把具有直观性、直接性的建筑，活脱脱地展现在人们眼前，这就使建筑的沉重性大大地减弱了。所以，诗中所描绘的建筑，虽然体积沉重，也不会使人感到压抑。尤其是诗中通过轻巧、灵动的描绘对象去衬托高大雄伟的描绘对象，就给人以雄伟中见轻巧、高大中见灵动的感受。这个例子告诉我们，在美的创造中，不管是作为语言艺术的诗歌，还是作为造型艺术的徽派建筑，在创造审美效果时，必须给人们多留下尽可能充裕的心理空间，给人们以更多的再创造的余地，使人们能获得多方面的美感享受。在这里，笔者在以滕王阁为例时，多费了一些笔墨；其用意已在言中和不言之中了。

三、纷纭挥霍，摇曳多姿

晋代著名文艺理论家陆机，在其不朽的著作《文赋》中，用"纷纭挥霍、形难为状"八个字，来形容文学风采、情调的婆娑多姿，难以用语言描述。我们也可以借用来形容徽派建筑雕刻的装饰美。

徽派建筑，崇尚古朴、典雅，追求法度、程式，因而循规蹈矩，有板有眼，显示了特有的规范性、严肃性、整饰性。就艺术审美活动来说，只能在一定的空间展开，所以，就有一定的局限性。

为了超越这种局限性，徽派雕刻家便大显身手，为徽派建筑梳妆打扮一番，给它规范性的结构涂上自由灵动的色彩，让它那严肃性的外貌显现出活

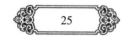

泼可爱的表情，使它那整饰性的姿态具有鲜活的个性。因此，便赋予徽派建筑以美丽的外衣，雕刻各种各样装饰品，从而显得摇曳多姿、纷披夺目，并超越古朴、典雅，流露出幽丽、通脱的风采。无论门、窗、墙，还是梁、枋、柱、斗拱、雀替等，都精雕细刻，异彩纷呈。现以雀替为例，加以剖析。

雀替一词，为中国徽派古典建筑木质部件上的一个名称、术语，顾名思义，这个部件，仿佛飞雀跳跃，生动活泼。其功能之替代性，明矣！

雀替，一头连着枋，一头接着柱，是枋与柱之间的结合物托座，一般呈斜飞之势。人们看到以后，不由得会产生动感，而有上飞、腾跃的联想。它使人显示出抵抗梁枋重压的心理作用。它的实用功能已经大大弱化，乃至消逝。它的主要作用是审美的。

雀替上面，雕刻着各种各样动物、植物、人物等图纹，凸显出许许多多艺术形象，表现了三度空间的立体美。如：休宁县南溪南一幢民居中的雀替，就雕刻了雀鸣的生动形象。雀替本身，已现斜飞之美；在斜飞的动态结构中，再打造出一只睁眼张嘴待飞的云雀，可谓动中有动！对凝固的柱、枋来说，可谓静中有动了。写到这里，不禁想起唐代伟大诗人杜甫写的《绝句》中的诗句"两个黄鹂鸣翠柳，一行白鹭上青天"。如此黄鹂鸣叫中，同徽派建筑中雀替上云雀鸣叫声，不仿佛是异曲同工吗？

更奇的是，空中飞的不仅可跳跃在雀替上，地上跑的也可上腾到雀替上伏卧着。在黟县关麓村一所民居的雀替上，居然伏卧着一只麋鹿。它眼睛半睁半闭，似睡未睡；头部伏在前肢中间，充分休息；长长的微曲多叉的双角，紧挨着突起的背部；尾部呈弧形，丰腴光滑；后肢弯曲成九十度。它那一副悠闲自得、无忧无虑的样子，实在令人可笑，又觉得可爱。

不仅温和的鹿、娇小的雀可在雀替上休息、玩耍，就连那种性情刚烈、体形硕大的猛狮，也可以在雀替上张牙舞爪、耀武扬威。在皖南泾县陈村，有一幢徽派建筑，雀替形象是两只狮子，一大一小。大狮身躯倒挂，头朝下方，前爪轻抚小狮，后肢竖立向上，昂首俯视，两眼圆睁，张着大口，露出白牙，腾挪跳跃，威风凛凛。小狮子虽然也张口露齿，但却横着身体，伏卧在大狮爪前，接受大狮的呵护。狮，乃徽州建筑文化中之宠物，把它雕在雀替这种轻巧的木质载体上，表现出以轻载重、以小承大的想象，并凸显出传统的狮子崇拜和吉祥观念，且寄托着镇压邪恶、保持平安的思想。因此，这种经过建筑雕刻师的艺术熔炉中铸造的狮子，并不令人恐惧，而是令人可亲。

不仅如此，在徽派建筑雕刻装饰中，雀替不仅可刻画飞禽走兽，还能刻

画日常和生活息息相关的用物。泾县陈村建于明代的翟氏宗祠，其规模之宏大，气概之伟岸，气象之峥嵘，世所罕见，故被誉为"中华第一祠"。在祠内廊檐下，雕刻着一把精美绝伦的算盘，算盘内贮藏着建祠时的用钱数字。这种历数百年风雨，迄今犹豁然在目的算盘装饰，原来就是雀替！

不仅如此，徽派建筑雕刻，除了日常用物雀替外，还有栩栩如生的人物雀替。如：泾县查济村中一所明代住宅，有一造型奇特的雀替，雕刻着一个人物形象，头戴官帽，面庞丰润，蓄着山羊胡，身着官服，骑着梅花鹿。鹿与禄同音，有升官的意思。整体形象象征着加官晋爵、天官赐福。此雀替呈斜飞状，因而富于动感。尤其在人物形象上方安置的装饰，既像S形，又像如意状，既像翻卷的流云，又像波动的浪头，真是：或暗示，或象征，或比喻，或联想，给人以多方面的感受。其艺术造型，表现了具象与抽象的结合，人物与动物的结合。

不仅如此，徽派建筑雕刻雀替，还凸显了寿星高照、松鹤遐龄、喜鹊登梅等民俗学理念，表现了广大人民传统的美好愿望。如：黟县宏村承志堂，建于晚清咸丰五年，其后厅柱枋间有一雀替，精雕细刻，十分醒目。一尊寿星，光着脑袋，慈眉善目，笑容可掬，欲言未言，长须飘拂，右手扶杖，精神矍铄。他挺立于苍松之下，凝视前方。左有珍禽独立于护栏之内，右有异兽昂首于透窗之外，中有童子陪伴在寿星足下。雀替顶端，紧连正方形顶托，顶托四周，雕刻着花鸟形象，使整个雀替显得绚丽多姿，生机蓬勃。

四、彰显个性，烘托整体

徽派建筑装饰美，有自己独特的个性。这就是绮丽典雅。

绮丽是指文采彪炳，容光焕发，天真纯净，姿态优美。唐代文艺理论家司空图，在其杰作《诗品》中形容绮丽："露余山青，红杏在林，月明华屋，画桥碧阴。"这样比喻，是多么自然，多么形象，多么生动啊！

绮丽的品类很多，有淡丽、清丽、幽丽、明丽、秾丽、典丽、雅丽、流丽、富丽、娟丽、平丽、素丽、绚丽、秀丽、壮丽等。徽派建筑雕刻装饰，却能把它们熔于一炉，并着重凸显典丽、雅丽，从而将绮丽与典雅有机地结合在一起，在绮丽中见出典奥、古朴、雅致、优美的风采。如：黟县宏村清代承志堂彩绘天花板，有暗红、深绿、浅黄、灰白、淡黑等色彩，绘成花卉

形象，可谓五彩缤纷，目不暇接。但它并不使人感到错金镂玉，雕缋盈目，而是清朗明丽、雅致古朴。

在徽派建筑雕刻装饰中，固然有的色泽艳耀、光彩夺目，但也有不著彩绘而优雅素洁者。在中国传统文化中，织彩为文叫做锦，织素为文叫做绮。因此，不染色彩而织之成文，乃是绮的本色。不著色彩，却有文采、风采、光彩，也是符合绮丽个性特征的，古人说：绚丽已极，反而归于平淡。这种平淡，也蕴含着绮丽的因子，因而它并不追求涂脂抹粉。正如清代文人蒋斗南所说："绮丽羞涂饰"（《诗品目录绝句》）。英国大戏剧家莎士比亚，曾经通过剧中主人公哈姆雷特之口说：绮丽是一种"老老实实的写法"，它"毫无矫揉造作的痕迹"，它"没有滥加提味的作料"，它"壮丽而不流于纤巧"（《哈姆雷特》）。这些说法，是有独到之处的。我们在分析徽派建筑雕刻的装饰美时，也可作为参考。

承志堂天花板五色彩绘，由于风雨的侵蚀，岁月的消磨，虽已不像当年那样艳耀闪灼，但仍保持着昔日的风采，而给人们以美的享受。

如果说承志堂天花板彩绘以描画花卉见长，那么黟县西武黄村建筑上的清代窗栏板彩绘就以描画人物见长。你看，一个童子，穿着红色上衣、蓝色裤子；另一童子，穿着蓝色上衣，红色裤子。他们一左一右，举着手臂，擎着玩具，跳着舞蹈。背景呈白色，并点缀着苍松、山石等。窗栏板周围，有白、蓝二色镶边，呈方形。整个画面，色彩流丽清淡，线条流畅简练，凸显了徽派建筑装饰出于绮丽、入乎典雅的风格个性。

除了天花板、窗栏板上的彩绘外，徽派建筑屋顶上的藻井，也富有装饰意义。藻井又称天窗，由于周围有藻饰，所以叫做藻井。三国魏何晏写了一篇赋体文章，叫《景福殿赋》，其中就谈到"藻井"用荷花图案作为装饰。汉代文学家张衡在《西京赋》中，更形象地描绘了"藻井"的装饰美。明代歙县文字学家吴元满，在《六书正义》中对"藻井"有一段介绍，其中形容藻井为"天窗"："状如方井倒垂，绘以花卉，根上叶下，反植倒披。"原初的藻井，不仅含有藻饰之美，而且还可以采光（引进光线）、通气，后来，便逐渐消失了它的实用价值，只剩下审美功能了。

以上所讲的彩绘，是指徽派建筑物上的绘画装饰，它只具有二度（长度、阔度）空间，而不是三度空间，所以，它还是平面的，而不是立体的。它虽然可以美化徽派建筑，但它非徽派建筑本身，从艺术门类来划分，它只能属于徽派绘画。它体现出绘画本身所独具的特性。它同徽派建筑、徽派雕

刻虽有联系，但毕竟有着明显的区别。

徽派建筑具有三度（长度、阔度、高度）空间，徽派雕刻也是如此。那些附着在徽派建筑上的徽派雕刻（主要是木雕）的立体凹凸感和空间性，十分突出；而附着在徽派建筑物上的彩绘，其空间感就不及前者，这就是它们之间的不同处。但是，徽派彩绘却可以充分展示自己五彩缤纷的美，去装饰徽派建筑，从而发挥本身所特有的艺术功能，并和徽派雕刻一道，去共同打造徽派建筑的美。

就徽派建筑物上的徽派雕刻而言，它必须凸显自己的个性，给审美者以更多的愉快，这才符合它本身的目的。黑格尔说得好："建筑品的目的并不是只在它本身，而是供人装饰和居住的。"①由此可见，建筑有其本身实用性，即为了居住；同时，也有其审美性，即需要装饰。这一理论，也适用于徽派建筑。

徽派雕刻除了辅佐徽派建筑、实现其居住的实用功能外，最主要的是要实现其装饰的审美功能，而突出其装饰的审美功能，才算真正传达了它的美的价值理念。因此，有些徽派雕刻在向徽派建筑"献媚"时，并不表现为有用，而是表现为有美；而审美者正由于看中了它的美，所以才向它频送秋波。例如：黟县西递村东园建筑，一所房屋的门前，紧挨着美丽的门罩，系用佳木雕成，上刻精细的图案，其直线韵律组成方形，其折线韵律突现出九十度直角，其曲线韵律弯成弧形，它们相互配置，巧妙组合，并为大门留出出入的空间。它那玲珑剔透的造型，仿佛东园建筑木门的罩衣，吸引着无数中外游客，在它面前驻足观赏。

至于黟县宏村晚清承志堂的木雕花罩，则独具另一番风韵，它不仅刻着直线、折线、曲线组成的图案，而且雕着许许多多精巧的树叶、花朵，还有翩翩起舞的蝴蝶。它对承志堂的美，起着很强的渲染作用。

这就告诉我们，徽派雕刻在凸显自己个性和美的价值时，并未忘记衬托徽派建筑的辅助功能。徽派雕刻家们，不仅思忖着凸显其雕刻本身的个性美，还考量着它与徽派建筑的空间构造关系，掂量着它对徽派建筑的依从性。因此，雀替、门罩、斗拱、窗户再美，也是徽派建筑的组成部分，它不能离开建筑整体而自美其美。

黑格尔说：艺术家"雕刻作品"，"在构思时就要联系到一定的外在世界

---

① 黑格尔：《美学》（第一卷），朱光潜译，商务印书馆1984年版，第316页。

和它的空间形式和地方部位。在这一点上雕刻仍应经常联系到建筑的空间。"①这就要求，建筑师要有雕刻家的眼光，雕刻家要有建筑师的目力。在创造雕刻形象时，必须服从建筑布局，不可违背建筑规范，不可游离于建筑之外。不可能设想，在小姐闺房房门上，雕刻张牙舞爪、面目狰狞的猛兽形象；因为猛兽的狰狞，虽不失为丑美，但毕竟同妙龄女郎的娇柔性格相反，不宜蹲伏在闺房门上，否则，是要吓坏她的。更不可能设想，把"百子闹元宵"形象雕刻在贞节牌坊上；因为那样做就会使悲喜错位，与传统观念相悖。这虽是一个极端的假设，但意在表明：雕刻形象，必须服从建筑的特性和需要，而不能有随意性、散漫性。在徽派建筑中，小姐闺房门上经常雕刻花鸟图案、云纹、水纹等轻柔之物，以映衬闺房的秀丽。至于镇宅猛狮雕塑，每每放在正门口两侧，或置于众人必经之处，或位居要害之所。总之，徽派雕刻在凸显本身的美学价值时，必须与徽派建筑空间，保持和谐统一的格局。

西递老宅堂间

木生摄影

---

① 黑格尔：《美学》（第三卷上册），朱光潜译，商务印书馆1979年版，第111页。

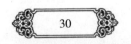

第四章 被切割的一块蓝天

一、四水归堂 肥水不得外流，蓝天有眼 天井七十有二

女娲炼石补天，这则中国古代神话故事，几乎家喻户晓。但是，古代徽州人也有一种本领，这就是剪天为井。徽州天空，仿佛是神奇的纸。徽州人在建设住宅、宗祠、书院时，把一片片、一块块蓝天，镶嵌在建筑中，作为内部空间，成为建筑的机体，这就是天井。天井呈长方形、方形，好像用剪刀把蓝天剪成的样子。

徽州人的本领真大，居然把蓝天作为建筑材料，切割成美丽的天井。这种想象是多么丰富！多么神奇！多么美妙！

天井，像一面镜子。它映照着居宅人群的活动。生活起居，来来往往，总要从它下面经过。

天井，是天人合一的杰作。它是大自然的人化，又是人化的大自然。大自然是客观的，人化则是主观的。徽州人发挥主观能动精神，顺应大自然，利用大自然，改造大自然，把属于大自然的天，引进到徽派建筑中，为人服务，从而实践了天人合一的哲学理念。

天井，引进来明亮的光线，带来了光明的天使。徽派住宅、祠堂、书院等建筑，墙高院深，白天采光全靠天井。光线悄悄爬进天井，然后向所有的建筑空间投射。于是，那庄严的厅堂明亮了，那阴蔽的厢房也明亮了；那人迹罕至的小姐闺房，也由于光线蹑手蹑脚地从窗外偷偷地钻进来而显得明亮起来。

天井，给徽州闺阁小姐一线光明，给那些未字待嫁的妙龄女郎以某种心灵的慰藉。她们的婚姻大事，虽然由父母之命、媒妁之言敲定，但也有有限的选择权。如果她们同未婚夫从未谋面，也可由家长出面，提供一次见面的机会。但绝不是让男女双方当面交谈，而是请未来的女婿坐在客厅里，令待

嫁的女子在客厅对面楼上隐蔽处，透过一个小孔窥视。小孔中的光线是由天井射进的，因为天井就在客厅与小楼之间。承志堂内，有口天井，位于客厅与楼房之间，其楼房过廊内，就有小姐相亲处，至今保存完好。阳光通过天井，折射到客厅，平射到楼上。由于客厅内位置比楼上低，故楼上承受光的强度优于客厅内，也便于小姐观察郎君的动静。

天井，是建筑的虚空境界，它同建筑本体的实有状态是对应的。由飞檐翘角、马头高墙、梁枋柱础等组成的建筑本体，属于实有；天井、庭院空间，则归于虚无。这种虚与实、有与无，是一对矛盾，但却是辩证地统一在一起的。如果没有天井，那么，高墙蔽日，就影响光线的照射，进而妨碍采光；如果没有其他建筑实体的存在，则天井便没有依托，而失去自身存在的条件。可见，天井之虚无，与建筑本体之实有，是相互依存的，用一句哲学美学术语来概括，这叫虚实相生、有无相生。如果没有天井的采光，你能清楚地见到徽派建筑木雕人文景观的细部吗？你能透视闺阁小姐房门花鸟鱼虫的形态吗？你能尽情地享受徽派建筑画廊艺术美吗？

天井，是人的共享空间，是人们相互往来、交换信息的场所。歙县棠樾村清懿堂是著名的女祠。同宗妇女，聚会于此，奠祭祖先，遥寄哀思。祠内气氛肃穆、阴森，给人的心理造成压抑感、沉闷感；惟有天井投射下来的一缕光线，给人以抚慰、温暖，使人产生一种轻松、愉快的感觉。妇女们在祭奠前后，还可在天井下互通消息、闲话家长、增进友谊，释放自己的苦恼情怀，求助精神上的慰藉。

天井，是宗族的共享空间，除上述女祠外，举凡宗祠，均设天井，且空间宽阔明敞，空气流通。同宗之族，共叙天伦之乐，研讨经商之道，探究登龙之术，运筹发展方略。无疑，天井便自然成为聚合场所。家族的凝聚力和离心力，都能得到某种表现。

天井，是家庭的共享空间。徽州人为人谨慎，谨奉慎独。他们的住宅，高墙深院，大门紧闭，封闭性强。全家人经常蛰居在黝黯的屋子里，缺少与邻里的沟通，而天井却成为他们最活跃的场所。他们谈天说地，共叙家常，闲话桑麻，倾吐衷肠，每每在天井内进行。老年人纳鞋底，晒太阳，小孩子诵读玩耍，也是如此。天井，成为他们的天然伴侣，成为他们生活中不可或缺的要素。闺阁少女，是不能抛头露面的，但在天井中却可吸到一点自由的空气。学塾儿童，是终日埋头读书、不敢越雷池一步的，但在天井中却可引吭高歌、尽情欢娱，他们可以在天井内养金鱼、种花木、置盆景、砌假山，

创造优美的小环境，以愉悦自己的心灵，使自己的忧愁得到排遣，使自己的精神世界得到提升。

天井，不仅引进阳光、空气，还引进雨水。阳光，空气，水，是生命之源。天井的作用，可以想见。

水，不仅是生命之源，而且是财源的象征。徽州人善理财。设置天井，雨水从四方而来，像珠宝一样，滚落到庭院之中、中堂之前，这便是徽州人所津津乐道的四水归堂、肥水不外流。正是：四方雨水纷纷落，不尽财源滚滚来。这同徽派建筑雕刻中的招财进宝、连莲有鱼（年年有余）形象，是个有力的呼应。

当落雨之时，天井上端下垂的水珠，珠珠相连，若断若续，滚滚而落，仿佛堂前悬挂着扑簌簌的水帘一般。夏季，天井上掉下来的雨点子，坠落在庭院里的荷花盆景上，荷叶上水珠滚来滚去，又增添了一道景观。深秋季节，荷叶枯败，落雨时，雨点子击中的残荷所发出的声音，便是塌塌声，而不是清脆的响声了。这时，不禁想起了李商隐的著名诗句："留得枯荷听雨声"（《宿骆氏亭寄怀崔雍崔衮》）。此情此景，是否也是一种美呢？它是否丰富了天井中人的生活内容呢？

天井，仿佛是自然界流动的画卷。举凡日月星辰、风云雨雾、飞鸟禽兽等，在天井上均会匆匆而过，留下美丽。雁过留声，这不是听觉上的美感吗？燕语呢喃，这不是视听感官的享受吗，"两个黄鹂鸣翠柳，一行白鹭上青天"。这种美景，不仅在杜甫的《绝句》中得到最生动的描绘，而且在天井中也能看到。"晴空一鹤排云上，便引诗情到碧霄"，这是唐代刘禹锡《秋词》中的名句。在天井上空，也会见到如此胜景。彼时彼地，你能不诗情萌发、袅袅升腾吗？当然，在天井的空间毕竟是有限的。人们在天井中见到的黄鹂、白鹭、仙鹤的动态美，毕竟是转瞬即逝的。因此，不可能像杜甫、刘禹锡那样能够观赏到广阔的晴空飞禽的美，也不一定都达到他们那样高度的观赏水平。但是，天井毕竟是徽派建筑的虚空通透境界，是徽州人与大自然沟通的媒介，徽州人总想在这有限的天井中能够看见无限的宇宙。当然，这只是他们的想象。实际情况是，天井乃徽州人的小宇宙。在这小宇宙中，飘忽即逝的自然现象，虽然不留痕迹，但却在记忆中留下了踪影。

天井的通透明亮，同徽派建筑居室的黝黯，形成很大的反差：室内暗淡，庭院明亮。这同徽州人慎独的心理状态有关。居室虽有天井光线折射而明亮大增，但总不及庭院因受阳光直接辐射而豁然开朗，总是显得半明半暗

的样子。这种朦胧的状态，有助于同徽州人隐私心理相契合。如果外面有人进来，不会很快发现自己内心的奥秘和居室隐藏的东西。此外，当主人端坐厅堂太师椅上面的时候，由于处于较暗处，因而可以见到天井下面明亮处人物的动静，心理上可能产生一种期待状态或警觉状态，并预先在心理上设防，而采取应对措施。西递村履福堂天井，位于正堂之前，就有一明一暗的对比。位居暗处，就易于看到明处。

天井，是徽派建筑的特殊标志。徽派建筑姓徽。建筑物上嵌天井，就打上了徽派烙印。这就形成徽派建筑的一个重要特征，也是区别于其他建筑流派的特征之一。

1990年2月7日。笔者在徽州考察古代建筑，曾在资深的总建筑师张承侠先生的带领下，到屯溪率水街五十八号去参观古建筑。此建筑群，建于明末清初，原是富商住宅。富商有五个儿子，可谓人丁兴旺。住宅规模大，房室多，楼层高。天井总数，共七十二个，故七十二天井便成为该富商建筑群的代号。几百年来，历经兵燹的毁坏，风雨的侵蚀，人为的损害，不少地方已经倾圮。但从今日保存下来的建筑中，仍可窥及它那当年的风采。尤其是镶嵌在楼群之中的天井，更给人以高峻、伟岸、明敞之感。天井如此之多，在徽派建筑中，可谓凤毛麟角，实属罕见。徽派建筑民居天井超越了七十二之数者，尚未见到。在歙县潜口汪氏家主居中，曾有三十六天井，九十九道门。如此宏大的规模，虽比前者稍逊一筹，但也令人惊赞不已了。

在参观七十二天井之后，张承侠总建筑师对笔者说，日本建筑学家茂木计一郎教授，曾亲临徽州，考察建筑，研究天井，收获很大。张先生曾亲自陪他，他很感激。回到日本后，写下了《带有"天井"的居住空间》一文，发表在日本建筑思潮研究所主办的《住宅建筑》1986年第3期。为了感谢张先生，他赠给张先生一本，张先生曾将此杂志借给笔者看了一个晚上；次日就璧还。笔者作了一点摘录，曾引入拙著《徽派建筑艺术》一书第六章"徽派建筑天井"中。现在为说明天井的价值，再从摘录中选择几句，写在下面：

　　在中国的住宅建筑中经常有的"院子"，在徽州却被二层楼的建筑物所框围住，作为"光庭"而被室内化了。据说它是明亮开敞的天空之井，故称之为天井。

　　在这种"天井"里，有着一种无论是在日本还是在西欧的住宅里我至今从未见过的透明而静谧的光线。在此之后，我们被引导去参观的所

有民房里都有着"天井"。虽然在所有的二层建筑的底部都有着这样一个静谧的空间，但是它们各自造型千姿百态，使用方式也是多种多样的。我深深地为"天井"这种奇妙的建筑空间所魅惑。在这里我似乎觉得我能看到徽州民房建筑的魅力所在，进而看到江南文化的特点。

徽州住房的基本空间就是这种安置在中央的"天井"，其他的一切都是由此而展开，在这一点上是很有特色的。"天井"的意思就是被切割了的一块蓝天。

从以上引述中，可以看出徽派天井的定义是：室内化的"光庭"，明敞的天空之井。徽派天井的独创性及世界意义在于：日本、西欧没有，徽派建筑独有。徽派建筑天井造型及使用方式具有多样性。徽派天井的重要地位在于：天井是徽派建筑住宅的基本空间。天井的艺术化涵义是：被切割了的一块蓝天。

二、二十四孝　殒落徽州天井，以虚带实　打造井口井身

天井，有大有小，有多有少。一般而言，由于经济实力的悬殊，大户大家，楼层高，房子多，所以天井体积大，数量多；小户人家，楼层低，房子少，所以天井体积小，数量少。但也不尽然，有些大户人家，除了有明敞高大的天井，还设置小巧玲珑的天井，以增添雅室幽居的情趣，也凸显出天井多样化的特点。

就居宅而言，天井的多少，是由房屋的多少决定的。大体情况是，一进三间的房子就有一口天井，两进房子就有两口天井，三进房子就有三口天井，可以以此类推。下面是几句顺口溜，乃笔者所拟：

> 天井镶嵌在中央，
> 一口天井一进房；
> 中间明堂或客厅，
> 左右暗室是两厢。

天井，多数位于明堂（中堂）之前或客厅之前，两旁有廊房连接，最前面耸立着高墙。由于明堂上层楼檐、廊檐和高墙的围合，留下了一方蓝天，

这便形成了一进三间式的天井。天井，位居中央。这样，才能最大限度地引进阳光、空气和雨水；尤其是引进阳光，并把光线辐射到房间中去。

至于二进三间式的天井、三进三间式的天井，其格局、规模，大体与一进三间式的天井相似。可见，每进房子都各有一口天井。每进房子与每进房子的两侧都不是孤立的，而是有廊房把它们各各联系为一个整体。三进房子三口天井，有节奏地分别地把各各镶嵌在建筑物中心空间，闪耀着白色的光芒。

在天井投射进来的光线映照下，住宅仿佛获得了一种生命力，周围景观也显得生气勃勃。绩溪县汪村某宅，天井宽敞明亮，光线映在楼下格雕门扇内，熠熠生辉。十二个门扇上半扇刻着二十四孝图，即每个上半扇刻有两幅图（上下位置，即一上一下）。图为长方形。二十四孝按序排列。人物形象鲜明突出，凹凸感强。图的周边，均有美的装饰，如蝴蝶、蜜蜂、荷花、花叶及多种几何形等。

十二个门扇下半扇，分别雕刻花草，姿态各不相同；和十二个门扇上半扇图案相映成趣，各有千秋，但均富于黼黻美。它显示出晚清木雕工艺日益发达、趋于华丽的特征。

清琴鹤堂主人撰写了《历代二十四孝子原录》，又名《二十四孝鼓词》。1892年，即清光绪十八年，有京都如心堂重刊本。该本记录古代圣贤、村夫、烈女、少年等至孝的故事，有的孝敬父母，有的孝敬公婆。如老莱子斑衣娱亲，朱寿昌弃官寻母，崔唐氏乳哺婆母就是著名的例子。

绩溪汪村某宅天井，镶嵌在楼檐交接处，一缕缕柔和、静谧的光线，投射在隔扇木雕上，使原本凹凸、油润的木雕显得更加明亮，二十四孝图也就更加清晰地展现在眼帘。

黟县宏村承志堂正门天井，是保持完美的晚清住宅天井。它明敞宽阔，日照均匀，辐射面广。正门上的福字，闪闪发光，四根门柱上两副木板条幅对联，赫然在目。两个"商"字图案，分别在大门两旁、门柱上方，同天井的光线相辉映，从而更加凸显出主人汪定贵贾而好儒的思想和理财观念。

徽派住宅天井和贾而好儒的思想，在吴敬梓《儒林外史》第二十二回中也有生动的描写。作者描绘了盐商万雪斋建在扬州的一所徽派住宅：

> 当下走进了一个虎座的门楼，过了磨砖的天井，到了厅上。举头一看，中间悬着一个大匾，金字是"慎思堂"三字……两边金笺对联，

写："读书好，耕田好，学好便好；创业难，守成难，知难不难。"中间挂着一轴倪云林的画。书案上摆着一大块不曾琢过的璞。

这座徽派豪宅，是十分华丽的。它有"虎座的门楼"，"磨砖的天井"，金字悬匾、对联，名人字画等。其天井格局和贾而好儒之风，同承志堂有某种相似之处。不过，前者所写，是以语言为媒介来再现"慎思堂"，是诉之于知觉的，具有语言的间接性，可以为读者提供丰富的想象空间，而后者，则是以砖石木等为物质媒介来创建"承志堂"，是诉之于视觉的，具有三维空间的直接性、直观性，可以为游人提供亲历其境的真实空间。

当然，徽派住宅天井，不一定都和徽商贾而好儒的思想相联系。就天井本身而言，它并不含有这种功利目的。有些漠视功名富贵的文人雅士，对于天井的赞美，对于天井周边环境的赞美，就不是从功利目的出发，而是着重一个爱字，来自一个情字。清代大画家郑燮在《郑板桥集·题画·竹石》中说：

> 一笭茅斋，一方天井，修竹数竿，石笋数尺，其地无多，其费亦无多也。而风中雨中有声，日中月中有影，诗中酒中有情，闲中闷中有伴，非唯我爱竹石，即竹石亦爱我也。

这里，表现了郑板桥对于一方天井、一室小景的挚爱之情，哪里有追逐功名利禄的想法呢？

徽派建筑天井，虽然多数设置在徽派民居、豪宅中，但还镶嵌在徽派宗祠、书院、戏台等建筑中。

就宗祠而言，歙县棠樾村清懿堂后寝，就有一块长方形天井，清明爽净，光洁照人，如明镜高悬，柔和静谧，须仰视，才可观照其倩丽的风姿。

尤其是徽州区呈坎村东舒祠天井，更具另一番风韵。此祠建于明代嘉靖年间，全称是"贞靖罗东舒先生祠"。罗东舒是宋末元初学者，此祠系其后裔为纪念他而建立的，规模宏大，被称为"江南第一祠"。东舒祠仪门的后面，有一个很大的院落，约四百平方米。四周由仪门、享堂、南庑、北庑围合。在巨大的围合中，切割下一块长方形的蓝天，这便是天井。其面积比一般常见的天井要大得多，甚至超过多少倍。天井之内，廊檐之下，台阶之旁，为石雕栏板，叫做"蘷龙戏灵芝"，形象异彩纷呈，描绘鲜明生动，集中凸显出

一个戏字，富于幽默、诙谐、流动感和曲线美。此外，院内有一棵老桂花树，已有四百多岁，其枝遒劲，其干挺拔，其叶茂盛，有老当益壮之象，无老态龙钟之状，素有"江南第一桂"的美称。这种天井之下的美景，更反衬出东舒祠的天井之美。

与东舒祠天井媲美者，还有绩溪县龙川胡氏宗祠天井，黟县西递村敬爱堂天井。

西递胡氏宗祠敬爱堂

木生摄影

就书院而言，其天井格局、规模，虽稍稍逊于宗祠，但也可与宗祠争雄。其营造的氛围与宗祠是有区别的。宗祠天井的阳光虽然是静谧柔和的，但却掺和着祖宗崇拜的观念，笼罩着肃穆、阴森的气氛。书院天井的阳光也是静谧柔和的，但却掺和着学子的活泼、天真，笼罩着读书求知的风习。可见，大自然的恩赐尽管相同，人文氛围（人气）却有差异。宗祠凸显一个祭字，书院强调一个读字。其人文氛围不同，在不同天井下的实践活动也就不同。

黟县宏村南湖书院天井，在大厅之前，射进来的光线，照在建筑物上，十分清朗。你可看到，大厅上方有"万世之表"四个大字，两旁立柱木制条幅上有副对联："漫研竹露裁唐句，细嚼梅花读汉书"。厅内正中，有"朱子治家格言"。莘莘学子，在此读书，承受天井上洒落的光辉，心中自然会明亮起来，加上书中智慧的灌输，思路会不断得到扩展、开拓。因此，书院天井所引进的光明，在特定意义上说，也照亮了读书人的心灵。

宏村南湖书院天井

木生摄影

此外，如歙县的紫阳书院，黟县的碧阳书院，休宁的还古书院，绩溪的鹿苹书院，祁门的东山书院，婺源的东湖精舍，等等，均有明敞的天井，均在天井光线的明照下，均能听到朗朗的诵读声。这是《紫阳书院志》卷十六中所说的师长"讲会"和学生"课艺"的情景。

就戏台而言，徽派建筑天井，却独具风采。建于清代光绪元年（1875）的"凹凸山房"，在歙县郑村乡曷田村，是该宅主人吴筱晴亲自起的名称。凹凸山房后院有戏台、看楼等设施，并有楼檐、高墙围合，正面为凹字结构，上有明敞宽阔的天井。人们在观戏之余，也可看见天井上一片美丽的天堂，呼吸到清新的空气，以清除身心的疲劳。

祁门坑口会源堂戏台及左右侧的看楼，也呈现出凹形结构。其天井非常宽阔，不仅在看楼上可以观照戏台上人物的表演，而且在天井下也可面对戏楼，观察人物的表情。

祁门县闪里镇磻村敦典堂戏台，悬挂着"一曲昇平"的横匾，在台前额枋上刻着"五福捧寿"人物形象，柱头上立着人物造型。此外，还有狮子、夔龙等图案。这些雕刻，在天井阳光的照射下，显得神采飞扬，充盈着吉祥喜庆的气氛。

这些戏台，招徕的观众多，一般设在宗祠之内，故天井也就显得宽阔，较之于民居天井，显然要壮丽得多。

但是，这种类型的天井，乃是庭院中的天井，因而它和院落存在着密切

的交叉关系。说它是天井吧，它又显得那样壮阔，简直就像院落；说它是院落吧，它却四周围合，上面嵌着一块蓝天。这真是天井式的院落、院落式的天井了。在这里，天井和院落的界限，很难确定，显示出你中有我、我中有你、亦此亦彼的模糊状态。

就天井本身而言，它的体积是平面的还是立体的？说它是平面的，那么它仅有井口那样的形状，同窗子差不多，这又怎么能称之为天井？因为作为井，不管是水井也好，天井也好，都应该是立体的。天井井口，是由建筑物围合而成，建筑物属于客观存在，可视之为实有；而井口以下主要部分，就是井身，那就属于虚无。可见，天井是立体的，是以虚带实、以实造虚、从无到有的。

西递胡氏宗祠天井

木生摄影

第五章　五岳朝天　马头墙高

一、以静示动，骧跃腾挪

徽州大地，山高林密，河流纵横。在青山绿水、茂林修竹之中，城镇村落，聚族而居。马头墙高，巍然屹立，重重叠叠，层层梯进，上下参差，高低错落，静中有动，亦动亦静。在卷飞的流云中，仿佛万马奔腾，骧跃驰突，飞速前进。

马头墙是徽派建筑的重要特征。无论是何种类型的砖木建筑，如宗祠、书院、民居、戏台等，都必须高树马头墙作为徽派标记，如果没有马头墙，很难说它是徽派建筑。这正如没有天井的民居，很难说它是徽派建筑一样。可见天井、马头墙，都是徽派居民的重要特色。

马头墙的价值是多方面的。首先，它有重要的实用价值。

马头墙具有防火功能。它高出屋顶，具有隔离作用。当左邻右舍起火时，由于它的阻挡，火势不至于蔓延，因而它又被称为封火墙。特别是，徽派建筑民居多用木料打造，容易着火，故建筑马头墙就显得更为重要。

马头墙具有防盗功能。它墙高壁厚，质地坚固，难以逾越，故能防禁偷盗。同时，由于徽派建筑民居后墙严实，不另开门，这就强化了安全感。加之马头高昂，居高临下，好像能察知四周的动静，对于偷盗之徒有一种心理上的震慑作用。尤其是在夜深人静之时，在黝黯的光线下，朦朦胧胧，仿佛是守护宅第的幽灵，能使心怀鬼胎的不肖之徒，不由自主地产生忐忑不安、心惊肉跳的感觉。

马头墙具有抗洪功能。徽州山多地少，民居多数建在山下狭窄地带，当山洪暴发、水灾肆虐之时，每每避之不及，只有藏身室内。这时，马头墙便可起到抵禁洪水的作用。

马头墙具有抵抗风灾的功能。当狂飙肆虐之时，马头墙威风凛凛，岿然

不动。因为马头跌落，参差错落，可以分散风力；墙体的高大坚固，也可抵抗风威。

马头墙具有抵抗严寒酷暑的功能。严冬季节，寒风凛冽；盛夏之时，赤日炎炎。马头墙即可起到抗寒保暖的作用，又可起到防暑降温的作用。

马头墙具有特定的隐私功能。它的封闭性很强，主人肥水不外流的具体情景，徽商的生意盘算，徽人的经济谋略，人们的内心活动和奥秘，均在马头墙内。或运筹帷幄，或讳莫如深：只有自己心中有数，绝不为外人道及。其马头墙的掩蔽功能，焉能抹煞？

马头墙除了具有实用价值外，还具有审美价值。这种审美价值表现在操作技巧、表现方式等方面。

就操作技巧方面说，可概括为"以简驭繁"四个字。所谓简，就是简洁明快，洗炼流畅。俄国19世纪小说家契诃夫认为：简练是才能的姊妹。徽派建筑艺术家在塑造马头墙时，大斧运斤，细处刻画，高度抽象，着意简洁。但是，这种简，不是简单枯燥、没有血肉，而是具有丰富的内涵的。它不是一以当一，从一见一；而是一以当十、从一见十。也就是说，从简洁中可以观照繁富的底蕴，从抽象中可以看到复杂景象。这叫以简驭繁。用简洁、简明、简约、简练，去驾驭纷纭复杂的繁富的内容。因此，它是造型的简约，蕴涵的丰富。这种以简驭繁，乃是由博返约的结果。北宋大画家李公麟，在《临韦偃牧放图卷》中，刻画了群马的形象。或奔，或跳，或踢，或蹶，或立，或卧，或仰，或俯，或昂，或竖，或嘶，或叫，有打滚者，有甩尾者，有弯腰者，有食草者，有酣饮者，有飞驰者，有缓行者……如果用千姿百态来形容，远远不能传达马群的活动景象和具体风貌。在这里，是无法穷尽其妙的。我们只能用一句老老实实的话来说，这就是，非语言所能形容！我们为什么要花费笔墨来分析李公麟的群马牧放图卷呢？其中一个原因在于探索他那善于高度概括群马形象的本领。他在生活中，细心观察成千上万的马匹，然后反复加以筛选、集中到某匹马的形象中，因而他笔下的一匹马，乃是由许许多多的马概括而成的，这叫一中寓多，寓多于一。这是符合以简驭繁、由博返约的道理的。一匹马如此，何况群马？而群马中的每一匹都独具风采，各各不同，要花费作者多少心血才能绘成？由此，我们再联系到马头墙的塑造。

徽派建筑群在每个村落中有多少马头墙，有多少马头造型，有多少墙体造型，谁也没有统计过。但是，马头墙的造型是多种多样、异常繁富的。如

果居高临下，观照其奇妙变幻的风姿，真可用万马奔腾战犹酣来形容。但是马头墙的打造，却极其简括。它的形状仿佛"一"的符号。这种符号，如果把它当成一字看待的话，那么，根据老子的道去理解，就是："一生二、二生三，三生万物"（《道德经》四十二章）。可见，一，乃是万物的基元，是万物的原初状态。它生生不息，无穷无尽。一生万物，万物归一，便成为自然界的一条规律。据此推衍，作为"一"的马头造型，就不是单纯的，而是富于概括性的。它是对无数马的形象的抽象化、数字化、意象化、象征化。在这里，马头形象的抽象化、数字化、意象化、象征化，便成为马头形象的美学特征。而"一"，却是这种特征的结晶与浓缩。它是徽州能工巧匠们潜心打造的"以简驭繁"的经典之作。

把"一"的符号，在意象的熔炉中加以冶炼，使其象征为马，这并非凭空臆造，而是有其坚实的哲学基础和理论根据的。《周易》本经中六十四卦之首的乾卦，是由六阳爻组成的，它象征着天，又象征着马。因此，作为阐释《易经》的第一部最早的专著《易传》曾对乾卦做出这样的剖析："乾，健也。乾为马。乾为首。……为良马。"可见，作为乾卦符号基元的"一"，必然同良马有着血肉联系。而䷀这幅象征卦画，又仿佛六条龙马，飞跃在天空。此即《乾文言》中所说："时乘六龙，以御天也。"由此可以推衍：以"一"作为马头墙上马头的象征，是符合中国传统文化哲学理念的。

从表现方式方面来说，马头墙形象地表现了以静示动的美。徽州建筑高墙上面的马头造型，仿佛是漂浮在建筑上的一串串、一排排、一个个音符，显示出凝固的音乐美。不过，这种音乐美，只是在想象中回旋着动感，实际上是静态的。它凸显出以静示动的美。

古代徽州人追求静谧、默守、安定。一天劳作之后，在静中寻求乐趣，恢复疲劳，颐养惰性，涵沐身心，探索程朱理学，乃是一种精神享受。宋代理学大家程颢，在《秋日偶成》这首诗中写道：

> 万物静观皆自得，
> 四时佳兴与人同。
> 道通天地有形外，
> 思入风云变态中。

宋元明清以来，许多徽派民居竹木制版楹联中，均有"万物静观皆自

得，四时佳兴与人同"。这样，马头墙便成为徽州人四季重要的静观对象。从静观默察中，可以领略到：静态的马头墙，却富于动态美。这是什么道理呢？

原因之一是，在现实世界中，马这种动物，本身就富于各种各样的动态美，徽派建筑艺术家从生活的真实出发，在雕塑马头墙形象时，就必然要通过静态造型，来凸显其动态美。可见，现实的客观性和生活的真实性，是艺术家创造形象的基础和根据。马头墙的造型，虽然经过简缩、冶炼，而成为象征性的符号，但其最终源头却是现实生活。这个道理正和唐玄宗时代画家韩干画马类似。他所描绘的马，多是从北方（今内蒙古、甘肃、陕西一带）的剽悍、肥壮、高大的马群中概括出来的，因而有其坚实的生活依据和典型意义，并深得唐玄宗的欢心。

马头墙之所以能够以静示动的原因之二是，审美主体的大脑中，储存着许许多多关于马的信息。平时，这些信息处于安宁状态；但是，当外界和它相同、相似、相近的信息突如其来，并刺激它时，它就会被激活、并被唤醒而处于活跃状态。因此，当审美主体观照马头墙时，原有关于马的信息便和马头墙形象产生碰撞，从静态的马头墙上，仿佛见到了它的动态。这是审美主体的主观意象和作为审美客体的马头墙相叠合、契合的结果。

马头墙之所以能够以静示动的原因之三是，风云雨雾的变幻，可以增强处于静态的马头墙的动势。风儿吹来，云雾飘忽，墙上马头，时隐时现。此外，风雨吹打，也可带动马头形象的涌动。但在实际上，马头墙是不动的。人觉得它动，只不过是由于人的错觉起作用罢了，换句话说，风云雨雾和马头墙仿佛存心作弄人，居然设计出一个障眼法，骗过人们的眼睛，把岿然不动的马头墙也当成左右驰突的奔马了。

如果审美主体具有较高的文学艺术修养，蕴藏着较多的马的信息，那么，在观照徽派建筑马头墙时，对于以静示动之美，就会产生丰富的联想和美感。

唐代诗人李欣，在《送陈章甫》一诗中，有以下句子：

> 四月南风大麦黄，
> 枣花未落桐叶长。
> 青山朝别暮还见，
> 嘶马出门思旧乡。

这是李欣送别陈章甫罢官回乡（江陵）之词。出语平淡，旨遥意深。马嘶人思，彼此呼应。这对那些归隐故里、独守马头高墙庭院的徽州商人，不是也有启迪意义吗？

再如唐代人大诗人杜甫，在《韦讽录事宅观曹将军画马图》中，有以下诗句：

> 昔日太宗拳毛騧，近时郭家狮子花。
> 今之新图有二马，复令识者久叹嗟。
> 此皆战骑一敌万，缟素漠漠开风沙。
> 其余七匹亦殊绝，迥若寒空动烟雪。
> 霜蹄蹴踏长楸间，马官厮养森成列。
> 可怜九马争神骏，顾视清高气深稳。

诗中所说的拳毛騧、狮子花都是骏马。九骏昂首高空，神清气深；霜蹄蹴踏，奔驰于楸树大道之间。如此神马形象，并非凭空而降，而是画家从众多良马中精心筛选、潜心创造的结果。所谓"腾骧磊落三万匹，皆与此图筋骨同"，就足以表明，如此九匹神马形象，乃是三万匹良马的典型代表。如果我们能够领悟诗中的意境，胸中自有丘壑，再和观照马头墙时感受相贯通，就会更加强化对于马头墙的认知，从而获得更大的愉快。无论是九骏图的以静示动，还是马头墙的以静示动，都显示出艺术家高超的技能技巧和完美的表现方式，都是艺术家匠心独运的结晶。杜甫在《丹青引·赠曹将军霸》一诗中写道：

> 先帝天马玉花骢，画工如山貌不同。
> 是日牵来赤墀下，迥立阊阖生长风。
> 诏谓将军拂绢素，意匠惨淡经营中。
> 斯须九重真龙出，一洗万古凡马空。

好一个"意匠惨淡经营中"！如果不独具匠心，如果千马一面，如果没有创造精神，焉能称之为"意匠"？又焉能誉之为"惨淡经营"？不仅画马如此，雕塑马头墙也应该如此！

二、造型多样，错落有致

　　徽派建筑马头墙的造型，可谓异彩纷呈，各领风骚，形态多样，相互争雄。兹略述如下。

　　人字形山墙顶端左右两侧出跳马头形。

　　山墙如人字，在左撇右捺尽头，马头形出现。黟县西递村许多马头墙，就是这样。歙县雄村竹山书院山墙马头形，也是如此。这些马头墙，造型简洁，风格朴素。

　　一字形墙顶左右凸显马头形。

　　墙顶呈水平状态，为横线韵律。其两头有马头象征体，极其概括、抽象，给人以沉稳感、安定感。如歙县雄村竹山书院门墙。有门罩的大门，镶嵌在墙中，成为徽派建筑门墙之制的经典之作，突出了门与墙的血肉联系：门为墙为主，墙为门之卫。此外，如黟县宏村南湖民居，马头位于一字形墙顶水平线两端者，甚多。歙县柘林明代嘉靖时徽商王直故里的马头墙，虽已残破，但仍可看出它的形状，常呈一字。至于婺源思溪民居之高墙，在一字形两端，作马头式眺望状态的，也是常见的。

　　一字形门墙上端左右凸显马头者，也是富于变化的。有的一字形门墙，其水平状态、横线韵律，一韵到底，一气呵成，没有割断，好像《周易》画卦中的阳爻"—"，除上述例子外，如黟县屏山村不少民居，就是这样。绩溪上庄胡开文故居中的一些马头墙，也是如此。但是绩溪上庄胡适故居正门两

西递马头墙

木生摄影

旁的马头墙，却很特殊。其正门夹在两爿墙中，也是徽派建筑门墙之制的代表作。就单独的每爿墙而言，其上端一字形是一以贯之、没有割断的，因而像阳爻"—"。但是，把正门左右两爿墙作为一个完全的整体来看，由于正门居中，门罩和大门位置略低于左右两爿马头墙，而出现虚空现象，这便形成了割断，仿佛《周易》画卦中的阴爻"--"。这种特殊现象，也可以从歙县潭渡村黄宾虹故居的门墙之制中寻找得到。

一字形与一字形相重叠，便出现二字形马头高墙。如绩溪县汪村、黟县西递村，常常可以见到。

一字形与八字形相结合的马头墙。如泾县查济村总兵府遗址大门上端一字形，位置居中，最为高峻；两侧八字墙位置略低，马头昂然外视，异常雄壮威武。

一字形与人字形相对照。如泾县陈村明代翟氏宗祠（大祠）建筑群中，有一字形马头在墙体上方的缓缓外跳，有人字形山墙马头的凝视田园。彼此呼应，相得益彰。更有意味的是，徽州区西溪南明代老屋阁马头墙，竟出现一字形与人字状连接为一体的奇观。韵律流畅，色彩明朗，在阳光的映照下，熠熠生辉。此外。黟县西递村桃李园的马头墙，祁门县马山的马头墙，歙县棠樾村清懿堂的马头墙，也不乏有人字形与一字形的巧妙结合。

一字形与弧形相对照的马头墙。如黟县西递村建筑群马头墙，有的整爿墙呈一字形，两端马头昂首天外，庄重、沉稳，与毗邻的弧形马头隔墙相望，颇具有亲和感、默契感。有的墙端，像一张弓，弓背向上，弓的左右两头为马头，马头的线形与弓的曲线（非线形），形成鲜明的对比，你看了以后，眼光不会落在一两个点上而觉得单调、疲劳，而是随着曲线的波纹，作变化性的移动，并把眼光落在许多点上，从而获得多方面的美的享受。

翘角形马头墙。

翘角形马头墙与飞檐翘角是不同的。前者马头，昂首云外，直指蓝天；后者则为檐角之上扬状态：两者是徽派建筑中不同的部件。黟县大阜之马头墙，马头层层出跳，昂昂然、巍巍然、赫赫然、煌煌然。每个马头，有许多层次，雕刻着许多几何形图案，同是一爿墙上的不同马头，造型各有千秋，各呈异彩。它们同中有异，异中有同，显示了多样的统一。此外，祁门闪里磻村敦典堂山墙上的马头造型，也有这种特点。至于祁门历溪戏神庙山墙之马头造型，则呈单体，而不是多体的层层跌落型，然而也是富于装饰美的。

马头墙的排列组合方式。

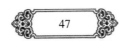

屯溪老街

木生摄影

逐层收缩式：屯溪宋街，有的马头墙巍然屹立，马头与墙相连，上端呈水平状向墙外延伸。马头宽阔，但不是层层跌落，逐层扩大，而是逐层收缩、由大到小。在徽州村落小巷中，也经常见到。这种结构，比较简洁，单纯，又具有风度。

逐层拓展式：马头逐层跌落，墙体随之扩大。在徽派建筑中，呈三层阶梯形状者，比较常见。其马头骧跃腾挪，其墙体静中有动。黟县南屏叶氏支祠山墙马头，由高处向下，一跌再跌，呈三跌之势。黟县桃花潭某宅马头墙，黟县南湖书院马头墙，黟县南屏村马头墙，祁门县坑口会源堂马头墙，歙县昌溪周氏宗祠马头墙，歙县雄村曹氏宗祠马头墙等，也不乏呈三层跌落的形状。

呈二成跌落式的马头墙，也是屡见不鲜的。如黟县西递村桃花源里人家马头墙，歙县渔梁老街马头墙，均可找到。至于黟县西递村后边溪某宅马头墙，除了呈一字形之外，还有呈二层跌落、三层跌落者。其多数方式的跌落形状，构成了参差沃茗、婆娑多姿的美。在徽州明清戏台楼房的建筑中，二层跌落的马头墙，尤为凸显出它的装饰美。如祁门县磻村嘉会堂戏台之马头墙，祁门县李坑大本堂古戏台附近之马头墙，婺源镇头阳春古戏台之马头墙，都是如此。

以上所述，仅荦荦大者。在徽派建筑中，马头墙的类型及其打造方式虽然存在着共性，但却不是千马一面、千篇一律的，它因多种缘由而显示出种

种差别。由于地势的不同，楼房的高低错落不同，祠堂、书院、住宅等建筑类别不同，营造规格大小不同，艺术加工程度不同，主人经济实力不同，其马头墙的造型和表现方式必然也是多样化的。

西递清代绣楼

木生摄影

第六章　徽派建筑木雕上的诗情画意

一、绩溪县龙川胡氏宗祠木雕屏门隔扇

当你到绩溪县龙川胡氏宗祠游览时，你一下就被惊呆了。你想不到天下竟有如此精美绝伦的珍奇藏在这个偏僻的农村；你想不到历数百年风风雨雨，仍可在胡氏宗祠亲眼见到这稀世之宝；你也可以看到有的人或浅尝辄止，或熟视无睹，或不知究竟。正是：藏在深闺人未识啊！

徽州老宅木雕

木生摄影

它是什么呢？原来是胡氏宗祠内八十四扇木雕屏门隔扇。其中，正厅两侧有十扇风姿绰约的"荷花图"。正厅上首，共有二十二扇，则刻画着温驯的"鹿嬉图"。除以鹿为主要描绘对象外，还衬之以竹木花草、山光水色。但每扇画面都不雷同，而有各自的特色。

尤其令人惊异的是，雕刻家匠心独运、构思奇妙，选择了符合生活真实的题材，予以典型化，并生动形象地表现出来。"荷花图"显示出了出水芙蓉的秀美风姿。它亭亭玉立，以游鱼、鲜虾、活蟹、水鸭点缀其

中，它就不会孤单，而显得有静有动、情趣充盈了。这里所选择的小动物形象，都以水的存在为自己生长条件，因而图中所示十分真实，十分得体，十分符合荷花生长的自然环境特征。如果用"鹿嬉图"中所选择的竹木花草等自然物为对象去点染"荷花图"，那就失去了真实性而显得不伦不类了。由此可见，对于自然物的选择，必须符合真实性这一根本规律。正因为如此，在"鹿嬉图"中，才不去描绘鱼、虾、蟹、鸭，而是去描绘竹木花草、山光水色。因为鹿在大地上嬉戏游耍，必须拥有广阔的空间，点之以竹木花草，染之以山光水色，正切合鹿性，这岂非符合生活真实的艺术真实所使然？

生活真实是艺术真实的基础，艺术真实是生活真实的概括。艺术真实既源于生活真实，又高于生活真实。徽派雕刻家在刻画"荷花图"和"鹿嬉图"隔扇时，对描绘对象体察入微、入木三分，并把自己长年累月所积蓄起来的辛勤汗水凝聚在刀刃上，一点一滴，朝木扇上滴注。这不是一般的汗水，而是艺术家才华的总汇，艺术经验的结晶。雕刻家经过艰苦的艺术磨炼，才能使自己的技能技巧达到炉火纯青的程度，创作时才会得心应手、游刃有余。而要达到这一点，必须耗费艺术家毕生的精力。当我们今天看到这些徽派木雕时，在为它的高度艺术魅力所倾倒的同时，也应该向这些徽雕大师遥致敬意；对于今天的艺术家来说，则要认真地学习他们深入生活、热爱自然的精神，学习他们把生活真实提炼成艺术真实的本领。由于岁月的流逝，这些徽雕大师早已驾鹤西游；他们的杰作还有一些幸存人间。从这些杰作表层，已难觅他们的踪影，不知他们的音容笑貌，不知他们当年辛勤劳作时的具体情景；但从这些杰作深层，我们可以得知，他们已将自己的艺术生命消融其中，将自己的本质力量之泉汩汩地流入徽雕之中。从龙川胡氏宗祠木雕中，我们仿佛隐隐地听到他们艺术脉搏的跳动声。他们不仅在木扇隔门下方雕刻花草鱼虫禽兽形象，而且在其上方雕刻直线、曲线组成的图案韵律，以丰富宗祠的建筑美，并和柱、梁、枋、橼、雀替、斗拱、门、窗、天花板等部件结合在一起，组成了龙川胡氏宗祠无声的交响乐。

龙川胡氏宗祠建于明代嘉靖年间。从立于此祠前的功德牌坊上看，它和当时名门望族胡氏家族具有不可分割的联系。牌坊上方刻着"奕世尚书"四个大字，中间有两行字"成化戊戌科进士户部尚书胡富 嘉靖戊戌科进士兵部尚书胡宗宪"。尤其是作为太子太保、少保、兵部尚书的胡宗宪，权倾一时，威震东南。他大兴土木，为自己树碑，为家族扬威，乃是必然的。

龙川胡氏宗祠，以其高超的建筑美，而名声远扬，载誉海内，已被列为

全国重点文物保护单位。

绩溪县有三胡。一是南胡，一是北胡，一是李改胡。从地理方位上看，南胡系指绩溪南方之胡氏家族，如龙川胡氏，当属之。北胡系指绩溪北方之胡氏家庭，如上庄胡氏，当属之。所谓李改胡，系指唐代李氏王朝覆灭后，其后裔为逃避追捕，落难绩溪，改姓胡氏。今日黟县西递村胡氏，系李改胡家族后裔的一支。

二、黟县承志堂的"商"字

黟县际联乡承志堂，建于晚清咸丰五年（1856），是盐商汪定贵的豪宅。顾名思义，承志堂决心继承汪氏祖辈志在经商的传统；而汪定贵姓名的含义，也同经商致富的承志堂相一致。可见承志堂并非一般的普通的古民居，而是"钟鸣鼎食之家"。

承志堂规模宏大，建筑面积为三千平方米，使用面积为二千一百平方米。花费白银六十多万两，镀金一百余两。其耗资之巨大，气派之豪华，在黟县清代建筑住宅中，无有出其右者。

当你在承志堂中游览时，你在大厅边门驻足，只见门楣上，一个气势恢宏的造型，赫赫然，灿灿然，直扑你的眼帘。它仿佛先秦一枚古币，又像一个商字。在"商"字顶端，刻着长寿的青松，松下跳跃着欢乐的人群。中部图案，如云纹飞卷，像走兽伏视。下部则分左、中、右三块图案。下左、下右，彼此对称，图案卷曲飞动，并有花叶嵌入；下中图案，如大元宝状；大元宝内，有欢乐、雀跃的人群，和顶端形象氛围相呼应。从整个造型构思看，其重心是凸显经商致富的思想。从艺术表现手段看，其具象中见出抽象，其确定中见出不确定，因而给人以亦此亦彼的模糊想象。你看：顶端刻画青松，欢乐的人群受其荫庇，不是隐喻长寿吗？大元宝线条所凝成的内部结构，居然是载歌载舞的人们，这不是掉进钱袋中、拥有巨大财富的象征吗？这不是歌颂财富吗？而构成"商"字的流动性的曲线，不是暗喻不尽财源滚滚来吗？

为了强化欢庆发财致富的思想，在紧挨"商"字雕刻的板壁上，还刻画了另一欢庆场面，男女老少，有的玩龙灯，有的耍狮子，有的高举着鱼的形象。从画面上看，共有三尾大鱼，一起排在最前头，可见鱼的重要位置；因为鱼和余谐音，象征着年年有余，财富越来越多。

　　这种潜心追求财富的理念，正反映了中国资产者原始积累的实践。徽商"贾而好儒"，因此，他们是把商贾放在第一位的，把儒学放在第二位的。他们之所以好儒，是为商贾服务的。这是汪定贵这位大盐商在他的豪宅中凸显"商"字装饰的原因。

　　徽商也常常自诩"儒而好贾"，把儒字放在前面，强调"天下第一等好事只是读书"，但其最终目的还是为了精通商贾之道。所以，他们被誉为儒商。其中，不少人成为巨贾，至于通过学儒而考取功名跻身宦途者，亦大有人在。因此，不管是"贾而好儒"也好，还是"儒而好贾"也好，都对他们有利，他们要怎么说就怎么说。这说明徽商是含有某种辩证眼光的。

　　贾而不儒，有可能只限眼前蝇头小利，而不能深谋远虑，以至于失掉了长远利益。儒家是精通修身、齐家、治国、平天下的道理的，懂得儒学，才不会犯因小失大的错误。像承志堂的主人汪定贵，就不是只重鼻尖上小利的小商小贩，而是懂得经世之学的儒商，吃小亏占大便宜，便是他总结出来的一条经验。因此，承志堂正门前醒目处，挂着"便宜多自吃亏来"的木刻条幅。这里的所谓"便宜"，当然是大便宜，所谓"吃亏"，当然是小亏。如果赤裸裸地说占小便宜吃大亏，那徽商还愿意干吗？如果说吃小亏占大便宜，那岂非利欲熏心而丢了徽商的面子？因此，精明的徽商便省略掉"便宜"前面的一个大字，又省略掉"吃亏"中间的一个小字，便形成了打上徽记儒商的生意经。这样，徽商自己看了不失为儒雅风度，别人看了也觉得心里舒服、合乎情理。这样，"便宜多自吃亏来"这法宝，被徽商整日玩于股掌之上，弄得整天价响。这条生意经，正好是那块象征着"商"字造型装饰的诠释。这不单是大盐商汪定贵的一句格言，也是整个徽商遵循的致富之道，所以，特别富于典型意义。我们在畅游承志堂时，应该把它们联系起来剖析。

　　承志堂"商"字造型，是否美？人们在对它审视时，是否会产生美感？这是个饶有兴致的问题。

　　否定者说："商"字流露出唯利是图的铜臭味，本身不美，也自然不会叫人产生美感，因为美和美感是排斥功利性的，凡是与功利性紧密相连的事物，都与美和美感无缘。

　　持这种观点的，或多或少同康德的美学思想有关。

　　德国古典美学大师康德在《判断力批判》中说："一个关于美的判断，只要夹杂着极少的利害感在里面，就会有偏爱而不是纯粹的欣赏判断了。人必须完全不对这事物的存在存有偏爱，而是在这方面纯然淡漠，以便在欣赏

中，能够做个评判者。"①这种说法，在西方美学史上产生过深远影响，中国现代许多著名美学家，如蔡元培先生、朱光潜先生，也曾宣扬过。依照康德的学说，美感是纯粹的，超功利的。承志堂的"商"字，凸显出强烈的功利目的，因而人们在对它进行评价时，就不可能是审美的，就不会对它产生愉悦性。

与此相反的是肯定的观点。

肯定者说："商"字标记的功利性虽然强烈，但美并不排斥功利性，审美也不排斥功利性，因而它不仅本身有美，而且会使审美者产生美感。

肯定者也会找出一些历史根据来，说孔子在评价《诗经》时，就没有排斥过功利性。孔子说："《诗》，可以兴，可以观，可以群，可以怨；迩之事父，远之事君；多识于鸟兽草木之名。"（《论语·阳货》）这种兴、观、群、怨、事父、事君，难道都能摆脱功利目的吗？儒家审美的功利性，在中国文学艺术批评史上，影响巨大。唐代诗人白居易，就是一位特别重视文学社会功能的人。他甚至对于谢朓写的"余霞散成绮，澄江净如练"的诗句提出批评："丽则丽矣，吾不知其所讽焉。"（《与元九书》）可见他是多么强调功利性！

一般地说，西方古代学者在观照审美客体时，偏重于强调审美主体的非功利主义；中国古代文人在鉴赏事物的美时，则偏重于强调主体的功利主义。

笔者认为，应该吸取二者之长，避免二者之短，努力克服片面性。谈到这里，再让我们回到承志堂里来，重新透视一下"商"字，就可知道究竟了。"商"字，的确散发出一股股一阵阵浓烈的敛财致富气息，其功利目的是十分明显的。但是，你能就此断定它不美吗？你能说它不会使人产生美感吗？它那象征的表现手法，抽象的刻画技巧，鲜活的人物形象，美丽的花叶青松，流动的曲线图案，巧妙的结构配置，能不令人心动而发出由衷的赞叹吗？显然，这里面是含着某种美的，因而才能扣动观众的心扉，而产生愉悦。然而，这种美和美感，难道是"商"字功利性所造成的吗？难道能和生意经联系在一块吗？难道是利的化身吗？难道是钱的宠儿吗？回答是一个字：否！

笔者认为，"商"字内容所含的利、钱，只会给人以满足感而不是美和美感，它所表现的形式美，才会给人以美感。当我们在观赏承志堂内"商"字

---

① 康德：《美的分析论》，宗白华译，《文艺理论译丛》1958年第1期，第37页。

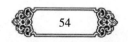

装饰时，我们不会由于受到个中的利和钱的诱惑而激动，我们只会受到它那形式美的诱惑而赞叹。这就告诉我们，"商"字的内容和形式之间，是存在着矛盾的。

但是，这并不意味着说，一切蕴含功利性的事物都不蕴含美，凡是美的都不含功利性。事实证明，举凡代表、体现人民利益的，又通过美的形式而显示的，其功利性就会成为美的内容而构成美的有机组成部分。白居易的讽刺诗，就是如此。

当然，这也不意味着说，所有美的事物都必然含有功利目的。就拿徽派建筑雕刻来说，承志堂梁柱上的日月星辰、花鸟鱼虫等显示的自然景物，难道都和利字、钱字血肉相连吗？

三、承志堂"百子闹元宵"

19世纪俄国著名美学家车尔尼雪夫斯基对于美下了一个定义："美是生活。"①由于现实生活中有数不尽的美，因而他才作出这种判断。但是，生活是复杂的，有美，也有丑，还有既不美也不丑的事物。那么，"美是生活"的定义，不是有局限性吗？对此，车尔尼雪夫斯基解释道："应当如此的生活，那就是美的。"②所谓"应当如此的生活"，是指那些值得肯定的生活。生活中的假、恶、丑，同真、善、美是对立的，因而只能予以否定。

徽派建筑木雕，从不同侧面刻画了人民的生活美。承志堂内木雕，所刻的渔、樵、耕、读人物形象，栩栩如生，呼之欲出。其乡土气息，特别浓厚，徽州田园牧歌、清静悠闲的生活情景，跃然眼前。

尤其是表现徽州人生活理念的福、禄、寿、喜、财木雕，镶嵌在徽派建筑上，充分凸显了徽州人的追求和向往。如：承志堂梁枋上的木雕，象征着"福"的有"九世同堂"，象征着"禄"的有"唐玄宗宴官图"，象征着"寿"的有"郭子仪上寿"，象征着"喜"的有"百子闹元宵"，象征着"财"的有"连莲（年年）有鱼（余）"。这些，都是群雕，而不是独雕，故场面大，人物多，且景象繁华，事件复杂。但在徽派雕刻师刀尖的运作下，却被梳理得有条不紊，井然有序。

---

①　车尔尼雪夫斯基：《生活与美学》，周扬译，人民文学出版社1957年版，第6—7页。
②　车尔尼雪夫斯基：《生活与美学》，周扬译，人民文学出版社1957年版，第6—7页。

就拿"百子闹元宵"来说，乃是厅前梁枋上横幅巨型木雕。一百个童子，面目独具，无一雷同，个性突出，姿态各异。有的玩狮子，有的耍龙灯，有的高擎大鱼（四个童子，各高举一个大鱼），有的高举锦旗。彩旗迎风翻卷，或前或后，或左或右，曲折有致，多呈三角形。风，虽然看不见，但从卷曲、飞扬、转折的状态中，仿佛能听到风声。有的推拉着有轮子转动的旱船前进，有的吹着长柄喇叭前进，有的吹着短柄喇叭前进，有的敲锣，有的击鼓，有的吹笙，有的弹奏，有立者、跑者、坐者、蹲者、跃者、纵者，有手舞足蹈者，有玩杂技者。有着短衣者，有穿长袍者，有官吏，有平民。整个画面，都处于活泼流动状态，仿佛沸水翻腾一般，呈现出正月十五元宵节一派繁华景象，从而集中突出一个闹字。从色彩上看，人物、物体、器具等，均涂以金色，镀以黄金，故显得金碧辉煌，灿烂夺目。至于底色则涂以褐色，以便和梁枋的色彩保持一致，并突显出与金色的强烈对比，从而着力衬托出画面形象的美。从画面结构看，其人物配置并不限于从左到右、一字儿排开，而是分成前排、中排、后排三个层次。三大层次并不像照相那样机械排列，而是根据人物的个性、生活的真实加以安排。人物的走向，亦非单一，而是围绕一个闹字。只要闹得开心，人物的表现，可以多姿多彩，各呈风流。故在画面中，有些朝着一个方向，有些则彼此面对，有谈有笑，痛快淋漓。总的说来，主题虽叫"百子闹元宵"，但人物中也有成人加入。这就活跃了场景的氛围。从中可以看出，彼时彼地，人们的生活是多么丰富多彩！这绝妙的风俗画卷，是多么美！它的艺术风格，可用华丽、流动、通俗来形容。

四、承志堂"唐玄宗宴官图"

如果说，"百子闹元宵"在华丽、流动中偏重于通俗的话，那么，"唐玄宗宴官图"则就在华丽中偏重于幽默雅致了。此图共刻画了三十五个人物形象，每个人物形象都凸显出各自的个性。自右至左，画面可分为八组。第一组，刻画了一个侍者，他上身着短衣，下面穿裙裤，右手执芭蕉扇，站立着，在煽炉火，炉子上面放着水壶。侍者穿的裙裤，在当时可算是时髦的流行服，用现代眼光审视：颇为前卫。第二组有四个人物，画面结构富于交叉性、不确定性。有位人物，似立似坐，似跷腿斜身看看煽炉火的侍者。最妙的是：他仿佛和另一人物共着一个腰身，因而在处理手法上极富于耐人寻味

的交叉性；而另一人物则像伏案观书，又似独自窥镜。桌上放着一根弯嘴烟袋。第三组有五个人物，三个人物头戴官帽，身着官服，凭桌而坐；其中一人，举着手臂，仿佛作画。第四组有四个人物，其中一人，摆动右手，身体前倾，仿佛在弹奏。另一人本坐身旁听琴，却又兼顾邻桌，观看别人作画。至于站立门前的两个童子，或听弹奏，或观作画，或谈天说地，表现出极为活跃的姿态。第五组有七个人物，主要是弈棋者、观棋者。两个对弈者，一个表情严肃，手摸棋子，似在盘算；一个露着笑容，轻摆左手，悠然自若。第六组有四个人物，两个侍者头戴白色巾帽，手捧器物；两个小子，在下面较量拳术。第七组有七个人物，其中三人倚桌而坐，或正襟危坐，或跷着二郎腿，或拨弄琴弦；观者亦怡然自得。第八组有三个人物，其中一人在给另一人掏耳朵，另一人跷起二郎腿，任其摆布。还有一个人站在立柱旁，捧杯而视。

整个画面氛围可用轻松愉快来形容。作者用意的高妙之处在于：既然叫做"宴官"，但却没有表现觥筹交错、大吃大喝的场面，也没有刻画一醉方休、烂醉如泥的人物，而是围绕着琴、棋、书、画，凸显了文官作秀的情景，并参之以挥动拳术，以活跃宴会的气氛，增加欢乐的内涵。真可谓谈笑有鸿儒，往来无白丁……有丝竹之悦耳、无案牍之劳形。其总的特色，可用雅致来概括。其中虽然也表现了侍者、挖耳者，但只不过是陪衬，只不过是添加一点幽默、滑稽和生活情趣而已。

至于图画的背景，刻画得也是十分生动的。屋舍长廊，檐瓦片片，同近处的砖墙上十字形透雕窗花，相互竞美。一根根立柱，支撑着廊檐，荡漾着音乐的旋律。一排排巨型板壁，向东西方向延伸；一扇扇大门，出入着欢乐的人群；左边上方吊着花篮，长着常青藤和树叶。这一切，都活跃在画面上，显示出场景的浩大、壮丽。画面不是平淡无奇的，而是富于纵深感、凸感、立体感。在五公分左右厚度的木料上，居然刻画了十来个层次，可见刻工之细，密度之稠；但是，看上去却丝毫不显得拥挤、累赘，而是有疏有密，疏密相间。可惜的是，这幅精美绝伦的杰作却遭到了破坏，有几个人物头部悉被削去，实在可惜！

五、徽派建筑木雕上的《三国演义》

承志堂在木雕艺术中表现丰富的社会生活，十分出色；刻画巨大的历史

场面，尤为擅长。在《三国演义》系列木雕中，就以人物形象为中心，以军事题材为主线，描绘了许多故事，如：董卓进京，三英战吕布，战宛城，战长沙，甘露寺，长坂坡等。

除承志堂外，在绩溪县民居板壁、门扇上，也有不少《三国演义》系列木雕，如群英会、草船借箭等。

当然，以《三国演义》为题材的木雕，不只以上两处。在徽州其他不少地方，都可以常常见到。

《三国演义》这部长篇章回小说，是明代罗贯中的杰作。它和明代施耐庵的《水浒传》、明代吴承恩的《西游记》、清代曹雪芹的《红楼梦》，均为经典之作。

但是，为什么我们在徽派建筑木雕中，每每看到对于《三国演义》的刻画，而很难见到其他三部作品的表现呢？

这个问题，我们迄今未发现历史的答案，也未见到现代的答案。笔者思忖：这可能与程朱理学的影响有关。封建的正统观念、道德观念和习惯势力，桎梏着古代徽州人的思想。这便叫：统治者的思想便是统治的思想。非礼勿动，非礼勿听，非礼勿视，是他们遵守的信条。《水浒传》所宣扬的农民起义、劫富济贫的思想，同封建主义君君臣臣、父父子子的宗法观念，显然是相冲突的。《西游记》通过戏谑、揶揄手段去否定玉皇大帝的举动，虽然是越轨的，同封建道统是相抵牾的。《红楼梦》所宣扬的宝、黛爱情，同父母之命、媒妁之言、三从四德等封建礼法观念，也是格格不入的。古代徽州人，虽然知晓四部经典小说但对移植到雕刻艺术中，则采取十分谨慎的态度。特别是建筑雕刻，方位的固定性很强，历史的稳定性也很强，审美观照的频率尤其频繁，因而把它展示在人们面前，就必须认真考虑与传统的观念相契合，与当时当地的习惯、潮流相吻合。《三国演义》所宣扬的忠（以刘备为代表）、义（以关羽为代表），同封建道统并无根本矛盾，所以易为徽人所接受，这是徽派建筑木雕上经常出现《三国演义》系列故事的重要原因。

当然，这样并不等于说封建社会里不容许那些违背封建思想的文艺作品的存在；也不等于说：在徽州，一律禁止这些作品流传。

由于这些作品具有无穷的艺术魅力，因而深深地扣动着读者的心扉。它们不胫而走，到处渗透，广为流传。在偏僻的徽州，也是如此。但是，它们往往作为秘籍，或被收藏，或被暗传，而难能进入大雅之堂，那些公开被奉为圭臬的典籍，仍然是四书五经。因此，徽州古人对它们的欢心，也只是暗送秋波，而不愿在公开场合对它们大肆宣扬。这是它们不大出现在徽派建筑雕刻上的另一重要原因。

六、徽派建筑木雕上的吉祥物

徽派建筑木雕刻画喜庆幸福者，比比皆是。在表现手段上，多数采取了象征、暗示、比喻的方法。除承志堂外，西递村也是个中著名的典型。兹以西递村为例，略述于下。

五福捧寿：所谓五福，就是福、禄、寿、喜、财。徽州黟县西递村明清建筑木雕，怎样表现呢？就是在厅堂两侧木板壁上雕刻五只蝙蝠，作为五福的象征。况且，蝠与福同音；既然同音，引申一下，也可暗示意义相同了。于是，便以蝙蝠比喻为福。五只蝙蝠形象，一字儿排开，中间一只蝙蝠，象征寿字。其余四只，分列两旁，象征福、禄、喜、财，共同突出表现位居中间的寿字。用五只蝙蝠代表五福，说明了古代徽州对于蝙蝠的敬爱。这是否有点蝙蝠崇拜的意味呢？当然，直到现在，还没听说徽人曾把蝙蝠当作图腾，也有可能只是单纯的声音借代关系。这只有等待今后的发现了。

徽州老宅木雕

木生摄影

福禄寿喜：即以蝙蝠象征福，以鹿比喻禄，以寿星代表寿，以喜鹊昭示喜。其中，同音借代，可说是象征的一种媒介。把蝙蝠、鹿、寿星、喜鹊的形象，刻成木雕艺术形象，落实在板壁、雀替、梁枋等部件上，不仅烘托出徽派建筑的美，而且表达出徽人的心理愿望。

麒麟送子：麒麟是吉祥物。在古代传说中，麒麟头上长着美丽的角，形状像鹿；丰硕的身体，披着鳞甲；身后翘着灵动的尾巴。它可给人带来生子的幸福。麒麟送子的故事，通过年画和民间的传播，流传甚广，但徽派建筑雕刻家却把它刻画在月梁（冬瓜梁）上，让人们观赏，使观者产生一种美感和幸福感。

龙凤呈祥：龙凤是吉祥的象征。几千年来，由龙凤呈祥所衍化而成的许许多多故事，一直在民间流传着。在徽派建筑额枋、梁柱上雕龙画凤，表现了徽州人民对幸福生活的追求、对美好前景的向往。

四季如意：一年四季，事事称心。如何把这种愿望表现在木雕上呢？就是在板壁上雕一个花瓶，里面刻上四季花和如意的形象。既吸取其谐音，又吸取其涵义。

其他如：雕多子石榴，比喻百子团聚、家族兴旺；刻群星拱月，象征德高望重，等等。

七、徽派建筑市雕上的花鸟鱼虫

徽派建筑木雕装饰，十分讲究方位、格局的空间美和人情美。门上的木雕，经常刻画秀丽的花叶、图案。如泾县陈村清代司马第扇门上，刻画着美的透雕，透雕下还另刻着瓶内插花的浮雕。如此柔性形象，给人以特别亲近的感觉。泾县厚岸张宅窗栏板，喜刻小动物与花草树木亲和的状态。如：一对虾子浮动在水草中，睁着眼睛，摆着尾巴，互相看着；一对小鸟，站在枝头，一唱一和；一对蜻蜓，煽动双翼，在花果藤上飞着；三只游鱼，排在一起，顺水而下。一只蜜蜂，伏在花丛中，在采撷花蕊。这些动植物，都是大自然的产儿。徽派建筑雕刻家，把它们刻画得栩栩如生，活灵活现。这是把自然美转化为艺术美的杰作。

黟县卢村某宅隔扇门木雕，表现了巨型盆景的美，即在刻着花纹的盆中，养着美丽的芙蓉，芙蓉的叶子，有的朝上，有的翻卷。叶脉分明，清晰可辨。荷莲莲子饱满，粒粒可数。盆景位居下部。中部安放着一张桌子，桌

的周围刻着精美花纹。桌上除有茶具外，还放着一顶官帽。左上部则刻有楼阁，个中雕梁画栋、飞檐翘角、隔板透窗，历历在目。特别稀奇的是，一个脱帽飘须的官吏，竟右臂抱着立柱，坐在那里，跷着二郎腿，口中衔着一根长长的微带弯曲的荷柄，前面紧接着荷叶，仿佛烟管，好似吸烟。但在碗状的荷叶前面，却有一个童子在微倾着水壶，在向荷叶内倒水。童子身后，为画面右上角，在刻着图案的护栏内，老树盘根错节，青枝茁壮生长。这扇雕门，想象极其丰富，布局非常合理。雕刻家运用了浪漫主义方法，在凸显人物悠闲自若的心理状态，并通过夸张手段去强调人物与荷花之间亲密无间的关系，从而表现人物对荷花的喜爱。整个画面，以人物与荷的关系为中心，其他景物则围绕着这个中心，因而在空间处理上，便着力渲染人物无拘无束、挥洒自如的精神状态。你看，他居然以荷柄为烟管，以荷叶为烟嘴，以童子所洒之水为烟，从而缓缓吸入，这就把爱荷之情挥发得淋漓尽致。画中所刻楼阁、方桌、三足凳等，都是为人物服务的。画面下方盆景（荷花、荷叶、荷莲），只是作为衬景，显示荷之勃勃生机。至于右上角之老树青松，一方面是表现庭园中景物的多样，另一方面也是为了显示人物的优美情趣。至于右下角所表现的童子搓绳的情景，则不过是为庭园生活增添一点野趣、乐趣。

在承志堂中的木雕花罩，则另具一番情趣。它悬在堂内，半实半虚，玲珑剔透。其几何图案，或直或曲，时方时圆，花朵、果实、叶儿点缀其中，相互交织，形成抽象的象征形象。如蜂，似蝶，若彩灯高挂，像鹿马奔驰。然而，这些形象，又恍兮惚兮，难以捉摸，既确定又不能确定，显示了言不尽意的模糊美。它只有悬诸堂内，才能展示出灿烂夺目的光彩，才能使堂内建筑更加熠熠生辉。

在黟县卢村某宅的木雕楼，堪称触目即雕，美不胜收。楼上楼下，楼内楼外，雕花处处，图案多多，凸显出斑斓之美、繁缛之丽。这种艺术特色，是对徽派建筑中简古朴素之美的超越。

屯溪程氏老宅内雕花楼梯，呈斜坡状，其雕花花纹，节奏舒缓，给人以宁静、平稳之感。楼上雕花栏板，花纹以正方形小格较多，也给人以安定、静谧之感。这表明雕刻家既考虑到凸显雕刻部件自身的美，又考虑到居室主人心理上的安全感。这就表明，徽派建筑木雕装饰，既考虑到空间美的追求，又考虑到以人为本的需要。

八、徽派建筑市雕上的唐诗

徽州人文化艺术品味高雅，在徽派建筑木雕中，往往以诗入画，以画显诗，并通过刻画而突现出来。这是诗、画、木雕三者的结合。人们赞美唐代大诗人、大画家王维的诗画：诗中有画，画中有诗。徽派建筑木雕，则吸取了画中有诗的特点，并突破画的局限，把画的二度空间（长度，阔度）转化为三度空间（长度，阔度，高度），从而更加立体地凸显出徽派建筑木雕的空间美。

尤其要说明的是，徽州人特别爱读唐诗，并把唐诗刻画在建筑木雕中，朝夕吟诵，细细咀嚼，以扩大视野，提高自己的精神境界，丰富日常的文化生活，美化建筑的高雅造型。如黟县、歙县、绩溪、婺源等地的不少徽派建筑木雕，便是如此。

徽州比邻的泾县厚岸张宅，有一组木雕，刻画了唐代著名诗人李白、王维、岑参、张继、杜牧等人的一些杰作，并在画面边角处刻上诗中点睛之笔。现举例如下：

"马上相逢无纸笔"木雕，取自岑参《逢入京使》诗意。原诗为：

> 故园东望路漫漫，
> 双袖龙钟泪不干。
> 马上相逢无纸笔，
> 凭君传语报平安。

天宝八年（749），岑参被任为安西节度使府掌书记。此诗表现诗人赴任途中悲壮的情怀。诗人远离家园，亲往塞外，为国戍边；但思乡之情随着遥远的路程愈牵愈长，不禁悲从中来，泪水夺眶而出。途中与"入京使"在马上巧遇，想请他捎封家书，可惜戎马倥偬，行色匆匆，没有纸笔，只有请他带个口信，报个平安，作为凭借了。

全诗诗眼为"马上相逢无纸笔"句。这本是很通俗的句子，如果孤零零地看，并没有什么奇崛之处。但是，诗人却把它放在那个特定的时间与空间交叉点上，那个唐代彼时彼地大漠深处，那个心境悲凉的顷刻，那个幸逢使者的时机。于是，这个不起眼的句子，突然冒出了耀眼的火花，勾起了诗人

无限的乡思和亲情，引发了他人深切的同情与感喟。这真是看似平常实奇崛、成为容易却艰辛了。徽派建筑雕刻，正是紧紧把握住这句诗的精髓而加以发挥的。

从木雕画面中，可以看出，骑在马上的诗人，正值风华正茂之年。当时，诗人写这首诗时，也不过二十四岁左右，因而木雕的刻画，是符合实际的。雕刻的马，正在行进途中，但右腿遇到障碍，故作弯曲行状。至于那位到长安去的使者，只是立于岑参马前。他俩作揖，互相致敬。使者没有骑马，他身后只有个挑着担子的随从。如此处理画面，可谓独具匠心。因为如果再添使者骑马形象，画面就显得过实过满，而缺少空间感和灵动感。特别是作为三度空间的木雕，不可能像绘画艺术那样在平面上较自由地表现较多的人物、事物、景物，因而在刻画时极其讲究简练。徽派木雕艺术家正是抓住了这一特点，所以才没有采取有些绘画在描绘这句诗意时所采用的画上两匹马、一人骑一马的做法。关于这一点，我们不妨参考一下上海古籍出版社出版的《唐诗三百首》图文本《逢入京使》篇中的插图，上面画了两个骑着两匹马，画面虚空灵动、极目无际，有较大的表现空间，其物质媒介与传达手段，均体现出绘画艺术的特点。

泾县厚岸张宅"马上相逢无纸笔"木雕，并没有着重表现塞外荒漠苍凉的景象，而是屋舍俨然，树木繁茂。如此处理，倒符合徽州人的审美习惯。特别是把重点放在"报平安"上，正是徽商所期待和渴望的。这就从更深层次上渗透了徽州人的审美情感，揭示了他们的内心世界。由此可见，这幅木雕不仅表现了《逢入京使》的具体情景，而且打上徽派的印记。

泾县厚岸张宅木雕"劝君更尽一杯酒"，撷取王维《送元二使安西》诗意。此诗又名《渭城曲》、《阳关曲》。兹录如下：

> 渭城朝雨浥轻尘，
> 客舍青青柳色新。
> 劝君更尽一杯酒，
> 西出阳关无故人。

此诗情真意切，清淡净爽，离别之思，尽在酒中。这不是平常的酒，不是凡夫俗子的酒，不是酒肉朋友的酒；而是挚友之酒，故人之酒，文人雅士之酒。这一杯酒，蕴涵着一个情字，表现了一个别字。徽派建筑木雕，刻画

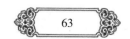

"劝君更尽一杯酒",以带动全局,真起到了画龙点睛的作用。南朝文学家江淹《别赋》云:"黯然销魂者,惟别而已矣。"无论是王维的这首诗也好,还是刻画这首诗意的徽雕也好,堪称得其三昧。

泾县厚岸张宅木雕"姑苏城外寒山寺",取自唐代诗人张继《枫桥夜泊》诗句。原诗云:

> 月落乌啼霜满天,
> 江枫渔火对愁眠。
> 姑苏城外寒山寺,
> 夜半钟声到客船。

"月落乌啼",已给人带来不欢,加之秋"霜满天",更增添了惆怅的思绪。字面看来,乃"江枫渔火",而"对愁眠";其实,个中却隐藏着诗人自己。谁忧愁呢?诗人也!诗人只是把愁字寄托在渔火中而已。这个愁字,是前面所写的惆怅心情的继续和加深。诗人夜泊枫桥,江上渔火点点,面对忧愁而眠,能不黯然神伤乎?可见"对愁眠"三个字,实在是全诗的关节点。正当"对愁眠"之时,寒山寺的钟声,漫漫悠悠,半夜时分,飘到客船上面。此情此景,更增添了几分忧思愁绪。

徽雕在刻画《枫桥夜泊》时,从"姑苏城外寒山寺"切入,是什么道理呢?笔者认为,这句诗有明显的标志性。选用它作为题目,便于徽雕界定画面空间方位。从此出发,可以上连下挂,承上启下。这句是客观地描述寒山寺的方位,是刻画空间处所,以便与下句所刻画的夜半时间相勾连,并启示人们自然而然地联想到寒夜钟声所带来的悲凉气氛。同时,这句景物刻画还可启示人们联想到上句人物刻画,把两者结合点都落在"姑苏城外寒山寺"上。这样处理,是符合徽派建筑雕刻的创作规律的。因为它由于艺术表现媒介和打造手段的局限,不可能像唐诗艺术那样可以在语言创造的意境时空自由出入。它只有选择最具有生发力的顷刻打造形象,选择最能使人产生上下勾连、联想的顷刻打造形象。而"姑苏城外寒山寺",恰恰具有这种功能,恰恰具有这种举一反三的作用。

泾县厚岸张宅木雕"黄鹤楼中吹玉笛",撷取了李白《与史郎中钦听黄鹤楼上吹笛》诗句。原诗如下:

> 一为迁客去长沙，
> 西望长安不见家。
> 黄鹤楼中吹玉笛，
> 江城五月落梅花。

徽雕从诗意出发，进行再创造，刻画了四个人物。一个人物（吹玉笛者）安排在左上角，站在黄鹤楼上层，面对长江，作吹笛状。笛孔贴唇，清晰可辨。楼为二层，外绕护栏。栏上雕花朵朵，楼层檐瓦片片。旁有大树，高与楼平。右上角为江城，城墙墙垛，历历在目；城上小楼，半藏半露。墙外梅树，亭亭玉立，欲与城墙比高。梅花簇簇，相互争妍，齐为江城装点。从构图上看，从左下角到右下角，画一道对角线；黄鹤楼（包含楼上吹玉笛者）、大树和江城大部等，是大体处于左上位置的。就比例而言，约占去整个画面的一半，好像一个大三角形状。

此外，还有一半，处于右下位置，也像一个大三角形状。其中，一条船上有三个人物。船头一人用力拨桨划船，一人站在船尾使劲扯绳扬帆。至于船舱内，却端坐着一人，他的面部并没有对着黄鹤楼，也没有对着吹玉笛者。只见他竖着耳朵在静听，原来此人正是诗人李白，他在聆听玉笛的鸣奏声。这里，徽雕艺术家特别强调听觉审美，完全掬出原诗诗题中的"听"字精髓，并和诗中的"吹"字彼此呼应。一个站在楼上吹，一个坐在舱内听。吹玉笛者在左上方高处，李白在右下方低处。在吹与听之间，不期然而然地形成了一种审美关系。玉笛的声音，肯定很动听，否则，李白就不可能听得那样入神。可见，玉笛美声居然遇到了这样的知音，实在难得！诗人在审美之余还用诗表达，使这种玉笛美妙之音传诵一千多年，而且一直要传诵下去。徽雕以本身独特的方式在承传这种美，也是功不可没的。

徽雕在表现李白聆听玉笛之音时，为什么不使他面对吹玉笛者呢？因为那样做，就会把刻画重点转移到观上来，就是观照黄鹤楼、观照吹玉笛者，就是以观代听了。这就会分散听的注意力，就必然违背了原诗诗题中"听"的题旨。可见，徽雕是多么善于把握此诗的精髓！

只要能把握诗之要义，其不利于徽雕刻画的东西，则巧妙地避开，不拘泥于条条框框，不拘泥于个别的事实。如原诗中有"江城五月落梅花"句，如果在徽雕中把梅花刻得七零八落，那倒反损害了画面形象，而且还占据了

有限的空间。同时，也削弱了原诗的感染力。徽雕上所刻画的梅花，可谓生机蓬勃，精神抖擞，而不是一片凋零。至于梅树枝干的刻画，则采取了夸张手法，刻得与江城差不多高。有些枝干上的梅花，也处于很高位置。这种构图，乃是从视觉审美的效果出发的，也是从张扬梅花的精神着眼的。从透视的角度看，梅树、梅花的方位应处于右下大三角内，但画面上的梅树枝干、梅花，却紧挨江城，并超越自身所处的方位空间，伸展到对方大三角内。从地理上看，它应处于黄鹤楼对岸，同黄鹤楼隔着一条长江；但就画面直观，它仿佛和黄鹤楼处于同一方向，都在同一江边。为什么会出现这种错觉呢？因为徽雕艺术家是在同一平面上去运作刻刀的，他要在木质平面上打造许多层次。这就不可避免地会出现某一层次与另一层次的重叠、参差、交叉。根生江左之树，居然把它的一些枝干和花朵上窜到对岸的江城之外，这种神乎其技、神来之笔，虽令审美者产生错觉，但却是合乎审美心理的，也是符合徽雕艺术规律的。

整个木雕画面，有情有景，情景交融。人物或立或坐，或半撑半蹲，关系密切，姿态各异。其美的意境，仿佛可视、可听、可触。尤其是舟下翻卷的波涛，滚滚向前，与玉笛声相互唱和，更显示出一种难以言说的美。

泾县厚岸张宅木雕"卧看牵牛织女星"，撷自晚唐诗人杜牧《秋夕》名句。原诗如下：

> 银烛秋光冷画屏，
> 轻罗小扇扑流萤。
> 天阶夜色凉如水，
> 卧看牵牛织女星。

这是一首七言绝句，被清代乾隆年间文人蘅塘退士孙洙选入《唐诗三百首》中，足见其艺术价值。第一句为景物描写，是对"银烛""秋光""画屏"的静态描写。第二句为人物描写，诗人并未直接表明是男是女，但从"轻罗小扇"中却暗示出执扇者乃是一位妙龄女子。她那"扑流萤"的姿态，诗人没有描绘，但给人的启发性的想象是：她步履轻盈，婀娜多姿，是多么活泼天真啊！诗人用个"扑"字，她那迷人的动态，就活脱脱地凸显在人们眼前。这句以写人为主的动态描写，同前面写景物的静态描写，是个鲜明的对照。

第三句也是对景物的静态描写。"天阶夜色凉如水"，同"银烛秋光冷画

屏"相比，是天上与人间两个境界。一个是想象的、浪漫的，一个是写真的、现实的。在诗人笔下，两者相互照应，相得益彰，并通过这位女子的活动把天上与人间联系起来。地上的秋光和画屏是冷的，天上的夜色是凉的。这一冷一凉，何其相似！

第四句着重于人物的动态描写。"卧看牵牛织女星"，这里用"卧看"一词，就把这位女子的姿态表现得栩栩如生，特别是她那明澈的目光，射向天河、天阶，遥看牵牛、织女两颗星被天河分开，不禁情思摇漾，浮想联翩。这一句是全诗的关目，却被徽派建筑雕刻艺术家紧紧抓住，作为木雕的一个主题。这真是抓得准、抓得好！因为这句诗含蓄隽永，韵味深长，具有极大的包孕性、丰富性，可以给人以许许多多美丽的遐想，可以赋予人以真挚的爱情的憧憬。但是，诗中并没有点破这一切，却吸引你去探索这一切。这便是个中美的魅力在暗暗地悄悄地诱惑你的缘故。徽雕艺术家以此句为关键，可谓独具慧眼！

全诗清凉明净，柔和婉约，境界幽邃，想象丰富。这在一些徽雕中，均有某种生动的表现。当然，这种生动的表现，只是就特定程度、角度而言。它毕竟是艺术上的再造，再造虽然也可传达原诗的某种神韵，也是某种意义上的创造，但毕竟不是原诗，故不可等同。

泾县厚岸张宅木雕"借问酒家何处有"，系采取唐代杜牧《清明》诗句。原诗为：

> 清明时节雨纷纷，
> 路上行人欲断魂。
> 借问酒家何处有？
> 牧童遥指杏花村。

这首诗，是杜牧任池州（今属安徽）刺史时所作。杏花村，就在池州郊外。首句写景，描绘了时间、季节、雨天。在这总的背景下，着重写人。"行人"，是泛指，又是特指。春寒料峭，霪雨霏霏，行人何堪？能不欲断魂乎？这就流露出极度怅惘之情。正在郁闷之时，幸遇牧童，询问酒家何处，牧童遥指前方。这里的杏花村，是否出现了呢？诗人采取虚实结合的手法，遥指目的地是杏花村，这是实写。杏花村似乎出现，又似乎没有出现，这是虚写。徽雕抓住了"借问酒家何处有"句，便抓住了诗中主要人物。有问必有

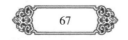

答，牧童的回应，便自然而然地表现出来。行人问话，当然要以语言表达。牧童"遥指"，是否通过语言，还是仅仅通过手势，还是二者皆有？我看，不必执着地去理解，应该总体地进行观照，掬出牧童朴素天真的状态。徽雕在刻画《清明》时，能注意大处着眼，选择重点，突出具有启发性的场景，精雕细刻，着力渲染，以期收到举一隅而三隅反的功效。

杜牧的诗，英俊豪纵，拗峭不群，轻倩秀艳，飒爽流利。其《清明》诗，以飒爽流利、明白晓畅为特色。如此特色，在徽雕中，如果没有出色的艺术技巧，是无法表现的；但泾县厚岸张宅木雕，却能给你一个满意的答案。

通过上述分析，我们似可作如下归纳：把唐诗语言的间接性转化为雕刻艺术的直接性，是徽派建筑木雕的重大特点。如果说，欣赏唐诗是由感知开始，那么，观照徽派建筑木雕上的唐诗就是由视觉开始，然后结合自身审美经验，诉诸想象、联想，从而再现唐诗风貌。

徽派建筑木雕艺术家，能瞄准唐诗诗眼，选择最易产生生发性联想的顷刻，充分发挥自身物质媒介和艺术传达的优长，创造空灵、流动的时空，以静示动，凸显视觉的直观性，采取简练流畅的手法表现之、再现之，从而把作为时间艺术的唐诗与作为空间艺术的徽雕有机地融合为一，这就促进了徽派建筑艺术的创新与发展。

宏村南湖书院文昌阁

木生摄影

第七章　徽派建筑砖雕的生命精神

一、青　砖

徽派建筑砖雕，系以优质水磨青砖为材料雕刻而成。青色，不冷不热，而偏于凉，给人以清爽、宁静、平和的感觉。举凡徽派古建筑分割空间的物质材料，都喜欢青色。如徽派石雕，对青色之石情有独钟，黟山青石，就是其重要原料。马头墙，喜欢用青砖砌造。砖雕为了和它们保持色调上的和谐，当然就采用青色了。因而砖雕之用青色，是由徽派建筑雕刻分割外部空

徽州砖雕

木生摄影

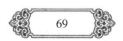

间的整体性所规定的。此外，青色同大自然蓬勃的生机也是协调的。徽州大地，花草树木，欣欣向荣；茂林修竹，青翠欲滴。这同青砖色彩也是协调的。在青砖上雕之刻之，赋予徽派砖雕以特殊的生命，把它作为传达生命精神的载体，在它上面刻画艺术形象，藉以表现人的情感和理想，这是多么美妙！多么神奇！

一块冰冷的顽石，一堆泥制的青砖，本无生命可言，但在徽派雕刻家手下，却"化腐朽为神奇"，把无生命的东西变成生命的载体，去复制自然，再现生活，这难道不美妙！难道不神奇！

这是徽派雕刻家血汗的结晶。在这些无生命的物质向生命化的嬗变中，他们用无数汗水浇溉着这些东西，滋润着这些无情物质，并以自己美好的心灵去感召它、呼唤它，终于精诚所至，砖石垂成，雕成作品，因而这又是徽派雕刻家艺术创造的结晶。

青砖质地硬，在上面雕刻艺术作品很费功力。特别是要求具有艺术家的悟性和灵气，具有熟练、精湛的技巧，这样才可以创造出美的作品，才可把美传达给观众，才可诱导观众产生向心力并受到感染。

徽派建筑砖雕的内涵，非常丰富。如：日月星辰、花草树木、飞禽走兽、远山烟霭、小桥流水、楼台亭阁、塔寺祠院等自然景观和建筑景观。此外还有：商、读、耕、牧、樵、渔等反映徽州人民生活的画面。此外还有：五子登科、天官赐福、招财进宝、喜鹊登梅、瓶生三戟（平升三级）、五谷丰登、长命百岁等寄托徽州人愿望和理想的画面。此外还有：《三国演义》历史故事如长坂坡、桃园结义、三英战吕布、关云长千里走单骑等画面。此外还有：云纹、水纹、斜纹、S形、三角形、菱形、方形、圆形等图案。总之，举凡五彩缤纷的大自然，丰富多样的社会生活，民族传统历史画面，在徽派建筑砖雕中，均有不同程度的表现。当然，这种表现只是就特定角度、特定方面的广泛性而言。它不可能把自然和生活中的方方面面都毫不遗漏地再现和表现出来，我们也不能要求它囊括无余地再现和表现自然与生活。因为自然是无限的，生活是无限的；而一切艺术描绘手段则是有限的，不仅徽派雕刻如此，其他艺术也是如此。一切艺术，虽然能多方面地描绘生活，虽然能再现丰富多彩的大自然，但它只能在无限性中充分展示自己的有限性，在有限性中尽力揭示现实生活的无限性。

二、门 楼

徽派建筑砖雕品类很多，它表现在以青砖为载体的任何徽派建筑中。其中，以门楼、门罩、墙窗等最为著名。

徽派砖雕门楼气势恢宏，气象峥嵘，气概轩昂，气派赫然。它是住宅规模的标识，主人身份的象征，家庭富有的象征，家族地位的象征。举凡显贵之家、豪富之族、殷实之庭，均有门楼。

门楼位居正门入口门罩之上，含有高瞻远瞩的意思。门楼立面，内容丰富，有楼台亭阁、小桥流水、坊塔桥院等建筑景观，有人物、动物、植物组成的图画。其砖雕线条，简练、遒劲，富于骨力。

徽州老宅门楼

木生摄影

门楼类型，有垂花门楼、字匾式门楼、牌楼等。垂花门楼，花团锦簇，缓缓下垂，形成花柱，立在门楼左右两侧，与美丽的莲花连为一体，显得妖娆风流，别具一格。如果说，雕花垂柱为直线韵律；那么，平放在花柱上方并与之相连接的额枋，便是横线韵律了。这一直一横之间，织成了九十度的直角美。整体的垂花门楼最上端，刻着鳌鱼翘脊，凸显着独占鳌头的构思，

这就充分表现出徽州人角逐的目标。徽州人在商场上讲究经营之道，在文场上讲究孔孟之道，在官场上讲究治国之道，真可谓雄心勃勃，壮志凌云。这不是与"独占鳌头"的思想暗合吗？可见鳌鱼翘脊形象，不是随意刻在垂花门楼上端的，也不是可有可无的。它是吉祥物。它蕴含着徽州人的潜意识。

此外，徽派建筑砖雕中还有字匾式门楼。其字庄重古雅、含蓄隽永，将字书写在横幅上，镌刻于砖面，打造成字匾式样，使它成为门楼的机体和标识。在安排结构时，将字匾嵌在门楼中央，周围为花板，上下有枋，左右悬着装饰物，韵味古色古香，风格典雅精工。这种字匾式门楼，表现了徽州人热爱读书的风气和古雅清幽的审美情趣。

此外，徽派建筑砖雕中还有牌楼。一般分八字墙牌楼与四柱牌楼等样式。八字墙牌楼，如黟县西递村"膺福堂"门楼，墙如八字，开阔明敞，豁目明眸，楼分上下，高低参差。四柱牌楼，立柱高耸，牌楼层层，斗拱出跳，小中见大。

徽派建筑砖雕门楼，和门罩，门墙等结成一体，起着分割徽派建筑内外空间的作用。

三、门　罩

徽派建筑砖雕门罩位于门楼之下，大门之上。门楼与门罩，交相辉映，各呈异彩。门楼多透雕，立体感、凹凸感强；门罩多浮雕，装饰性、点缀性强。

黟县塔川村某门罩，有人物形象。中间刻画五人，左右各有三人。上面有"长生乐"三个字。此外，还刻着花朵、花枝、花篮、花瓶、鼎炉、双喜、方形、云纹等图案。其风格清秀雅致、简洁明朗，是清代浅浮雕青砖门罩的佳作，尤其是古装人物刻画线条之细、之轻，更显示出一个浅字；而花瓶、鼎炉的刻画，则显示出浅中有深。至于黟县南屏"大夫第"之砖雕门罩，则繁花似锦，图案如织，眉清目秀，仪表堂堂，精雕细刻，深浅有致。

尤其是绩溪县北村建筑门罩砖雕，内容丰富，形式多样，技艺高超，巧夺天工。

有的门罩，以细腻的手法，刻画了徽派园林形象。楼台亭阁，小桥流水，苍松翠柏，花香鸟语，自然组合，仿佛一幅天然图画，镶嵌在门的上方。游人到此，仰首观照，有亲历其境之感。这里的作用是：首先用它那繁

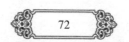

缛绮丽之美，向观赏者的心理空间场投掷，使其美感油然而生，从而为进一步跨进宅门先作美感铺垫，为其美感积累打下初步基础，使其美感随着旅游脚步的前进而不断加深。可见，门罩的美，是必须讲究的；如果不美，就不能启动观赏者美感之门。当然，门罩的功能，绝不只是产生美和美感效应。它还有分割内外空间的装饰效应，这在前面已有涉及，就不重复了。

有的门罩，刻画了徽派建筑群的美。有庙宇、宝塔、牌坊、憩亭、坐椅、园林、小楼、庭院、楼梯、雕墙、过桥、石阶、平台、斜坡、假山、树木等，组成了一幅布局合理、错落有致的图画。稀奇的是，画面上没有刻画人物，一个人物也没有，基本上是多种徽派建筑类型的组合。现略述如下：

当游人的悠闲脚步，跨入这清代村落建筑群时，一座三层小楼，蓦地映入眼帘。楼门敞开，台阶出跳，门墙半围，雕窗通透。墙角有亭翼然，与小楼顶层隔院相望，富于空间的灵动美。亭外树木森森，树旁小桥流水。穿越小桥，可在路亭小憩，可在岸边观景；只见老牛回首，在水中濯足；又见涟漪阵阵，细流涓涓，水乡景象，尽收眼底。继续前行，渐入佳境。楼亭傍山，山势隐隐。一亭一亭又一亭，亭亭相隔又相连，为此画的一大特色。步履寻幽，曲曲折折，牌楼矗立，楼层跌落。浮屠（宝塔）直插云霄，斜桥石阶分明。旁有高楼，倚山而建。前置石凳，以供休息。老树盘根错节，假山瘦透漏皱。未见高山，却见登山之阶。单间小屋子，可供焚香默坐。古刹围墙，圆门洞开，可拾级而上。楼层重叠，檐飞角翘，似流云翻卷。

这幅动人的画卷，仿佛是一幅徽派古建筑画卷，然而它又不是单纯的建筑画，而是古朴幽邃的建筑艺术画卷。它的立体性、凹凸性很鲜明，有九个层次，因而是深浮雕作品。

至于此画的上方，又是另一幅砖雕杰作。画面上有：骏马飞驰，有凤来仪，仙鹤觅食，走兽独行。中有牌坊，坊上为叠檐，坊下乃雕栏。左右是亭台楼阁、花草树木。四周为飞禽、花草、回形图案，十分精巧。这是一幅深浅结合的清代砖雕上部画面，与其下部画面合成一体，同在一个门罩上。

有的门罩，以人物为主要题材。如《三国演义》中的"空城计"，诸葛亮在城楼上抚琴，看城门的人，一个倚墙而立，悠闲自若；一个执帚扫地，旁若无人。城外司马懿的军马奔腾而来。司马懿下马站立，由于奔马跑得太快，不阻挡它就要跑进城去，于是几个小卒急到马前，分别地拽着马腿，倒拉着缰绳，不让它冒进。紧接着，后一匹战马也飞奔而来，战马上一员猛将，挥动马鞭，手执战刀，急促前进。这种奔袭的战争场景，千钧一发的形势逼人，

豁豁然，赫赫然，十分紧张，万分火急。在徽派雕刻家手下，却活灵活现，栩栩如生。尤其是一群将士阻挡战马奔驰的危急情况，被逼真地刻画出来，极富于创造性。在其他艺术样式中，从未见过。但在这幅砖雕中，却跳跃而出，这不是天才的构思、杰出的创造么？如果说，军马奔腾骧跃的战争场面，是动态刻画；但我们却听不到杀声震天的攻击声，却只能看到这种攻击场面，仿佛也听见了这种攻击声。这说明我们在由看到听，以看代听。这便是感觉的相通，视觉和听觉的相通。这种相通的桥梁、媒介，就是知觉（大脑）。视觉通过知觉（大脑）的联想、想象，和听觉联通，达到视可听、听可视的审美效果，这便是通感。在这幅砖雕门罩画面中，充分显示了这一点。而司马懿军马骚动的场面，同诸葛亮镇静的场面，又形成鲜明的对照。如此动静的反差，为此砖雕门罩之美，又添上生动的一笔。在门罩周围，还有许多形象，如向日葵、芙蓉朵、飞鸟、游鱼、水草等，还有许许多多由十字形图案组成的横线装饰纹。这幅砖雕门罩画面，达到深与浅、圆与方、透与隔的完美结合。

有的门罩，有达官贵人出行图，其华盖亭亭、武将随从、马嘶人叫场面，历历在目。

有的门罩，有殷殷垂教图，其师长端坐、弟子作揖情景，惟妙惟肖。

有的门罩，有养生图，其寿星扶杖于苍松翠柏之间，众人展卷于门庭之前，乐其所乐，自由自在。

这些砖雕门罩，均有精美绝伦的花边，有的为圆形、半圆形、方形等几何图案的巧妙组合；有的为圆点、扁圆、三角多边的组合；有的为十字形、蝶形的组合。其不可胜收之美，非贫乏的语言所能形容。

总之，绩溪县北村为典型代表的徽派建筑砖雕门罩的美，是难以言说的。必须亲临观照，仔细揣摩，认真探索，才可不断发现其中的奥秘。

在这里笔者不由得想起了德国古典美学大师康德的一句名言："美是不可言说的。"在生活的海洋中，有无量数的美，固然难以掬出；即使亲眼所见的美，亲耳所闻的美，也难以表述。这便是美的精灵的无穷魅力！徽派建筑雕刻之美，又何尝不如此呢?!

四、墙　窗

徽派建筑砖雕墙窗，具有隔与不隔的效应。所谓隔，是指与墙合为一体

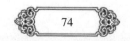

的封闭性；所谓不隔，是指与墙外空间相联系的通透性。漏窗，就是如此。漏者，透也。它给墙的闭塞状态带来了活力。

　　漏窗，引进阳光、空气，为居室主人增添大自然的馈赠。

　　漏窗，可以与心灵之窗相重合，从而有助于观照墙外的空间美。

　　组合漏窗，镶嵌在墙上，为墙面增添了节奏感和韵律感。

　　漏窗形状，多种多样。有方形、圆形、菱形、瓶形、葫芦形、树叶形、十字形，有的还雕刻松、竹、梅、假山、曲线等。

西递"胡氏宗祠"内，朱熹所书的"孝"字

木生摄影

第八章 徽派建筑石雕的生动气韵

一、柱础（附：市榱）

徽派建筑石雕，刻工精巧，气韵生动，驰誉中外。不知有多少游客被它的美所倾倒；不知有多少美的知音在它面前仔细品味、不忍离去。

它的质地是硬的，富于阳刚之美。它具有巨大的力，因而能支撑沉重的梁枋屋顶。徽派建筑，选用优质石料，加以切削、制造、琢成柱础，置于立柱之下，并在柱础周围，雕刻花鸟鱼虫等形象，作为装饰，以美化建筑环境。

柱础或呈鼓形，或成方形。但鼓形、方形远不能述尽它的形态，这只是大致的表述。必须身历其境，才能直观其多彩的风姿。如：泾县陈村某宅清代柱础，有扁圆如鼓者，其周围有六个圆状浮雕，有的刻盆景，有的刻鱼草，有的刻花鸟，形象各各不同。

又如陈村某宅清代柱础，为立方形。四周雕刻，图案与形象组合，异常复杂。其多边三角形图案中，刻着流动的水纹，游泳的鸳鸯。鸳鸯扑打双翼，激起了阵阵涟漪。小鱼也紧随在后面凑热闹，快活地游动着。至于拐角上方，则刻有猛狮形象；拐角下方，雕以球形，含狮子滚球的意思。而狮子滚球的形象，又像方鼎之足，在支撑着立柱，负荷着建筑的重量。

泾县厚岸张宅的柱础，则另具一番风韵。它并不像前面讲的柱础具有绮丽、华采的风格，而是古朴凝重、简洁流畅。有一柱础为立方形，奇特的是，在立面上刻了一个三角形，状如▽。一角向下，两角向上。上方仿佛紧紧托着立柱，下方仿佛是锥子插入稳固的地方。而下角之下，则刻以流卷的云纹，似能承受上面的压力。如此构思，想象丰富，造型新颖，有虚有实，简朴古拙。如果一角向上，两角向下，把原来的三角倒置过来，那么，在视觉上就会产生不稳定的感觉，而有损于显示徽派建筑的视觉心理活动。

厚岸张宅另一柱础也是面目别具。雕望艺术家采取了方圆结合的手法，

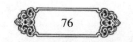

使其方中显圆，圆外有方。其圆内有方形几何图案，其方中有多边圆形线条，因而给人以亦方亦圆、亦此亦彼的模糊美的感受。

上述两例，均为造型简古的柱础。它给人以更多的想象，更多的哲学思考，更多的回味，更多的遐思。集中到一点上，就是给人以返朴归真的感觉。我们可以在审美观照中，以更多的热情去关注历史，探索明清徽派建筑雕刻艺术家的创作思维活动，他们那种以简驭繁的方法，他们那种以一当十的概括力，他们那种返朴归真的努力，他们那种把绚烂之极归于平淡的创造，竟然这样那样地体现在柱础中，这难道不值得我们去认真地品鉴、研究吗？

当然，这样说并不丝毫意味着有贬低那些以绮丽、华美为特色的柱础；而是说，简古与绮丽，风格虽异，但可媲美，而各呈风流！

在简古中不乏清秀者，如泾县查济村大宅第爱日堂中的一些柱础，在简朴中透出清朗，在古雅中见出秀丽。其中有像南瓜形而底部又呈圆状八角形者，就是如此，南瓜形上刻了许多三角线纹、片状线纹，底部刻了许多叶状线纹。线纹细致、流畅，富于生气。在简洁的勾勒中，露出清雅秀丽的风韵。

至于泾县查济村二甲祠柱础，则在简古与质朴之中略略见出绮丽、雅致。因为它的线条粗犷有力，形象沉稳、厚重。有的在古拙的三角形内，简括地勾勒出麋鹿、花草形象；有的则在简朴的正方形内，刻画出舟子划船形状。由于直线、粗线在传达信息时，居于主导地位，所以柱础给人以简古的美学感受，这是其主要特性。又由于在直线、粗线中，还点缀着动物、植物、人物生活画面的一角，所以给人以绮丽、雅致的美学感受。这是其次要特性。这些以简古为主导风格的柱础，多为明末清初打造。

一般而言，明代石制柱础，崇尚简古、厚朴；清代则追求绮丽、清秀。在明清交替时代，则简古与绮丽，每每相互交织，至于晚清以来，则更趋华丽。这是徽派建筑石制柱础的一大特色。此外，明代石柱础与立柱之间的交接处，往往嵌入木椹。木椹是垫在柱础上面的部件，由优质木料（如樟木）制成。它可吸收柱础所散发出来的潮湿之气，并缓缓释放，从而对立柱底部起保护作用，使立柱免受潮湿的侵袭，以延长立柱的寿命。在长期铺垫中，如木椹腐朽，还可更换新的木椹。

徽派建筑石雕柱础，多数是置放于建筑内部空间的。从一个角度而言，它体现了徽派建筑与徽派雕刻的有机结合。它是建筑上的雕刻，又是雕刻中的建筑。

二、立柱 石狮 石镜 抱鼓

具有建筑与雕刻之间互渗性、融合性特点的，除了柱础以外，还有立柱、抱鼓、石狮、石镜、漏窗、墙面石雕等。但是，它们当中不见得都是处于建筑内部空间的，有的已成为分割建筑内部空间和外部空间的媒介标志，如绩溪县龙川胡氏宗祠走廊立柱，门外抱鼓、石狮等。有的则在居室、园苑、庭院之外，成为外部空间的建筑雕刻，如黟县西递村墙面不雕漏窗、石刻装饰部件等。这种划分，只是一个相对的、大体的划分，而不是绝对的划分，因为其中有的部件究竟处于建筑内部空间还是外部空间，位置很难确定。例如，石狮子看大门，这是常见的；但也有例外，由于建筑内部的需要，由于主人的宠爱，它居然也被放在室内，作为看家的守卫，这便是少见的一例。绩溪县坑口胡氏一所建筑内，有一只大狮子，蹲在右侧方形石座上，睁着眼睛，"狮视"眈眈，挺着前胸，面对通道前方。它的上肢还抚摸着一个小狮子，并显示出一种爱意。这里的狮子，显然是作为镇宅之兽，而起着警戒作用。

徽州祠堂石雕

木生摄影

在这对石狮左侧，还安置一面石镜，其造形扁圆，光洁照人，十分简朴；其接座处为三角形，上刻卷曲云纹，十分秀丽。其座处下部则呈立方形，上有S形图案，十分净洁。这种石镜，居然也被安放到建筑内部，亦属少见，况且是一个。它是和旁边的石狮匹对的。它那柔性的曲美，同石狮的刚性的壮美，正好是个对照。

徽派建筑祠堂门口两边，常见抱鼓

石雕。如绩溪县华阳镇周氏宗祠，婺源汪口俞氏宗祠，其抱鼓石均简朴优美。

黟县南屏叙秩堂门前的一对抱鼓石，鼓的本身没有任何装饰，圆润光滑，古朴凝重。但在鼓托上却刻有云纹图案。鼓座为立方体，内刻花瓶，并有插花。其特点是，在简古中稍见华美。尤为奇妙的是，在鼓座边有一方形石，置于木板墙下，作为托底。石面雕刻，有树、兔、鹿，虽寥寥数笔，但神态毕现。

至于叶奎光堂门前之抱鼓石雕，则超越古朴，更见绮丽。石鼓厚度约为叙秩堂门前石鼓的一倍，其周围，各各雕以许多凸出的圆点，恍如鼓皮上的缝针点。鼓托呈长方体，正面雕刻狮子，侧面刻画云纹、草纹。鼓座为立方体，周围刻有花瓶，花瓶各不相同，瓶内花儿朵朵，各呈风流。

三、浮雕 透雕（含漏窗）

徽派建筑墙体，常镶嵌石刻形象，有的是透雕，有的是浮雕，而浮雕又有深浅之分，深刻者，凹凸感强，叫深浮雕；浅刻者，凹凸感弱，叫浅浮雕。深浅是相对而言，这只是刀锋刻画程度的深浅区别，而不是形象感人程度的深浅区别。举凡精美的浮雕，无论是深浮雕，或者是浅浮雕，均可以其诱人的艺术魅力，去扣审美者的心扉。当然，深浮雕与浅浮雕之间，并没有一道不可逾越的鸿沟。有的浮雕，有浅深，或浅多深少，或深多浅少，或平分秋色。但它都是构成墙体的有机成分。它起着分割内外空间的作用，又具有美化建筑的功能。

泾县厚岸某宅，有一方石雕，四周为曲线方形图案，中间刻着马的形象。马头回转，前腿跳蹦，但却被扣在拴马柱上。马鞍纹饰，刻画三角形及曲纹。马尾粗壮，线条分明。马的上方、前方，有三只仙鹤，或比翼双飞，或孑然而立。马的后面，有一小楼，上下两层，大门旁边，立柱立于柱础之上，瓦片层层，依次重叠。其整体画面的立体感、凹凸感很强，显然是深浮雕。但奇妙的是：马的上下方，有两个洞口，像马蹄形。楼门口乃是一个长方形空洞。为什么留下这三个洞口呢？原来是地板下面连接地面之间的通风口。它已被艺术化了，故雕成马蹄形与门口状。

至于浅浮雕，如泾县厚岸张宅某些墙饰，其刀锋浅浅切入，人物、动物、景物所组成的画面，即昭昭然显示在眼前。有一幅风景石浮雕为长方形，画中有单孔桥，桥头为桥墩，墩上有亭翼然。桥孔下水波流动，一叶扁

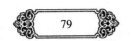

舟穿孔而过，舟子在缓缓划水。桥墩左前方，树木参差，游鱼翕动。远处，浅滩隐隐，水面平平。这是一幅写意石浮雕画。

另一幅也是长方形。中心为牧童，一个骑在牛背上；一个跟在牛后，手中拿着赶牛的鞭子。老牛正在桥上缓行。桥身弯弯，古朴简拙。两边有水，近处有山，桥头有亭，岸上有树。整个画面，采取轮廓画的方法，寥寥数笔，尽传精神。这也是一幅写意石浮雕画。

泾县查济村总兵府遗址内有一幅石浮雕画，乃是风景画。楼台亭阁，绰绰约约。风帆画舫，宛然在目。花草树木，点点染染，水波不兴，手展如镜。这虽是一幅浅浮雕，但给人的艺术感染性却一点也不浅。

泾县厚岸某宅有一狮形石雕，作盘球状，其刻纹介乎粗细之间，其刻度深浅有致，亦深亦浅。其模样呆头呆脑，憨态可掬。

该宅另一石雕，则更为奇特。它像一头狮子，又像一匹麒麟，更像一只鸭嘴兽。它仿佛是三者的结合物，因而它是既像又不像的模糊集合兽。这是不确定的模糊创作法在徽派石雕创作中的具体表现，无论是作者自觉的还是自发的。

在深浅结合的石浮雕中，"西湖十景"，堪称精品中的精品。所谓西湖十景，就是：柳浪闻莺，苏堤春晓，花港观鱼，三潭印月，平湖秋月，雷峰夕照，曲院风荷，断桥残雪，双峰插云，南屏晚钟。在徽派文化中，杭州西湖景色，极负盛名。在徽州文人诗词中，赞赏备至。休宁汪芳藻《西湖十景诗词》，有三十首之多。在徽砚、徽墨、徽派版画、徽派建筑雕刻中，以西湖十景作为表现对象，十分普遍。就石雕而言，如歙县北岸吴氏家族宗祠叙伦堂，建于清代初年。在祠堂石栏上，刻有西湖十景。其画面为长方形，周围刻有美丽的图案。西湖十景的分布，在远山近水之中。山势逶迤，隐隐约约；湖水平静，烟波浩渺。楼台亭阁，疏密相间；花草树木，生机蓬勃。刻画有粗有细，雕琢有深有浅。其艺术风格，可用纤秾二字来概括。纤细稠秾，叫做纤秾。纤，指纹理细密；秾，指色泽葱郁。它质地细，密度大，色彩浓，组合匀。它像荡起的阵阵涟漪，它似垂杨蔽日的浓荫，它如碧桃满树的果林。唐代文学理论家和诗人司空图，在他的《二十四诗品》中写道："采采流水，蓬蓬远春"（《二十四诗品·纤秾》）。这是描写纤秾的传神之笔。用它来形容徽派西湖十景石雕，也是很适合的。

当然，徽雕表现西湖十景时，虽然着重刻画纤秾的景象，但也不排斥淡雅。在纤秾中透出淡雅，在淡雅中带着纤秾，这是经常可见的。清淡秀雅，

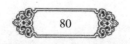

是淡雅的特色。意境清幽，秀而不媚，雅而不俗，清而不寒。"澄澹精致，格在其中。"（司空图《与李生论诗书》）徽派西湖十景石雕的美，又何尝不如此呢？宋代文学家苏东坡在《饮湖上初晴后雨》诗中说：

> 水光潋滟晴方好，
> 山色空濛雨亦奇。
> 欲把西湖比西子，
> 淡妆浓抹总相宜。

从这首诗中，可以看出，西湖的美，有浓有淡。可谓浓中见淡，淡中显浓。这就要求艺术家在表现它的美时，必须全面地进行把握。这一点，徽雕西湖十景，是深切地形象地刻画了"淡妆浓抹总相宜"的情景的。这说明徽派石雕艺术家不仅再现了西湖十景的真，而且表现了它的美。

有的石雕，深浅、平圆、远近、高低，相互结合，彼此参差，一幅形象图画竟有八个层次之多。歙县北岸吴氏祠堂石栏百鹿图，就是如此。

徽派建筑石透雕和石浮雕，虽然都是石雕，但却存在差别。透雕具有通

西递清代园林

木生摄影

透、空明的特点，因而可目之为漏雕；而浮雕则强调一个浮字，它浮在面上，在石面上运作。

黟县西递村明清建筑群中的石雕，以通透空明为特点的漏雕甚多。就漏窗而言，有松石漏窗，竹梅漏窗，圆窗双夔龙漏雕，扇面三扣菱漏窗，琴棋书画方形漏窗，岁寒三友漏窗，等等。当你在西递村桃李园、百可园、东园、西园漫游之时，你不仅可观赏漏窗自身所显示的自然风光美、社会风情美，你还可把目光射向窗外，去观赏飘来忽去的暖暖山峦、朵朵流云、阵阵飞鸟。西园的漏窗功能，尤为突出。它除了审美功能外，还有空间分割功能。西园曲径通幽，风景绝佳。其拱券门为西园前部空间之分割点，其景墙为西园中部空间之分割处，其漏窗则为西园后部空间之分割口。仿佛是西园空间运动节奏的过程一样。如果说，前部分割点是开端的话；那么，中部分割处便是发展；而后部分割口的漏窗，则升华为高潮了，这是西园景观之精华所在。它和主厅门楼两侧松竹梅岁寒三友石雕漏窗，相互呼应，前后照应，首尾圆合，条贯统序。好似一篇美妙的文章，起承转合，井井有条，有头有尾，天衣无缝。可见，西园石雕漏窗之美，是多方面的。它在西园石雕中，处于十分重要的地位，从特定角度而言，它起着画龙点睛的作用。

西递胡氏宗祠门楼

木生摄影

第九章　徽州牌坊

一、徽州牌坊城

　　城，这个词的内涵与外延正在不断扩大，当今流行的什么服装城、饮食城、汽车城、家用电器城等，都给城赋予了新的意义和时髦的色彩。

　　那么，中国古代的牌坊城在何处？我们可以毫不迟疑地回答：在徽州。徽州最大的牌坊城在何处？答曰：在歙县。千百年来，徽州大地，承受封建皇权的册封，蒙受封建宗族的恩典，而树立牌坊、接受旌表者，何止千万？由于历代兵燹之乱，人为破坏，沧桑变异，岁月消磨，许许多多牌坊，已荡然无存；不少接受旌表的记载，也灰飞烟灭，因而保存到现在的徽州牌坊和受旌表的人数，只是历史上较少的部分。据不完全统计，徽州现存古牌坊约有一百一十多座，其中三分之一为妇女贞节坊。今存歙县城内的一座以砖为材料的牌坊，建于清代光绪三十一年（1905），此乃贞孝节烈坊，上面记载着徽州历代蒙受旌表的人数共六万五千余人。婺源城内的贞孝节烈总坊，始建于清代道光十八年（1819）；重建于清代光绪三年（1877），上面记载着宋元明清婺源蒙受旌表的贞节妇女共五千八百人。这仅仅是一时一地的统计，其未能立坊、未受旌表而已殉节的妇女，又何止千万？这是中国古代妇女的不幸！这是封建礼教的罪恶！这是封建宗族制度的罪恶！

　　徽州牌坊原有千余座，今存十分之一左右。有木制、砖制、石制三种。木制易朽，易焚于火，故所剩无几。今存最著名的木牌坊，为歙县斗山街十三号叶氏木门坊。此坊罩在叶氏大门上，额枋上写着十二个字："旌表江莱甫妻叶氏贞节之门"。江莱甫是个平民，青年夭折；其妻叶氏，正值二十五岁芳龄，决心守寡，孝敬婆母。当时，朱元璋在同元军作战过程中失利，元兵追赶，他只身躲藏在一个残破不堪的道观内。幸得叶氏救助，才逃脱困境。朱元璋后来打败元朝，成为明代的开国皇帝，为了答谢叶氏救命之恩，便下诏

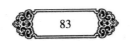

册封叶氏，欲召叶氏入京为妃。叶氏坚守一女不嫁二夫的遗训，便悬梁自尽。朱元璋深受感动，便下圣旨，为叶氏立坊。坊上高树圣旨木牌，刻着皇帝的玉玺，并有双龙游动。这座牌坊，闻名遐迩，但却提示了一个深受皇权、夫权毒害的不幸妇女的悲惨命运。

此外，在歙县昌溪村，还有一座牌坊，叫昌溪木牌坊，其上部为楼状，系以木料构成。楼分三层，飞檐翘角，青瓦片片。斗拱出跳于额枋之上，月梁横贯于木架之下。匾额高悬，上书"员公支祠"。宽度八米有八，高度只有七米，风姿古朴典雅。但其四根立柱为石料制造，撑托立柱的附件抱鼓，也是石料琢成。这座牌坊实际上是以木料为主、配以石料制作而成的。其打造时间为清代中叶，其工艺技巧趋于精细。

此外，在绩溪县城，有座中正坊，始建于宋，明清重修，为土木建筑。此坊位居县城中部，以此作为标志，向四面八方延伸，扩展建筑范围。因此，它是绩溪县城中的一座定位的古代标志坊。

此外，就砖牌坊来说，也是为数不多的。今存歙县城斗山街的黄氏孝烈门坊，以砖砌造。建于清代顺治七年（1650），系纪念吴沛妻黄氏的。吴沛亡故，其妻绝食，一命呜呼。愚哉！悲也！

今存歙县郑村的黄氏节孝门坊，也是砖砌，建于清代乾隆四十六年（1781），乃为旌表郑门之妻黄氏而立。

今存歙县洪村之烧雕门坊，系用砖砌。此砖非寻常之砖，而是经过雕刻烧制而成，表现了明代高超的工艺水平。其门楼古朴典雅，简洁流畅，斗拱出跳，青瓦片片。上枋雕刻着绮丽的图案和生动的形象，牡丹盛开，双凤飞来，洋溢着吉祥之气。下枋凸显出跳跃的双鹿，周围雕刻着美丽的芍药，象征着前程似锦。因为鹿与禄谐音，禄含官运亨通之意。芍药花色鲜明。双鹿奔腾于芍药丛中，好生自在，一派美好。从砖雕涵义来观照，此坊似为喜庆坊。

以上所列门坊，从造型功能来看，具有强化、美化门的形象性，且可与门结成一体，而突出了建筑的整体性，是徽派建筑门墙之制的一个特殊标志，是门楼、门罩、门坊相互圆融的表现。这种圆融，是有着共同点的，因为它们所使用的物质构件都是青砖。每块青砖的体积较小，不像石料那样巨大沉重，在实际运作时比较轻巧、灵活、便利，因而也比较容易使它们在质料上找到共同点，并形成各有千秋的连体。

在徽州大地上，木坊、砖坊，为数寥寥。最多的还是石坊。仅以现存的

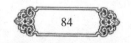

一百几十座牌坊而言，其中石牌坊就有九十多座，而石牌坊中最为著名的就是树立在歙县城内的许国牌坊。它建于明代万历十二年（1584），系为表彰大学士许国而建，故又称为大学士坊。现为全国重点文物保护单位。许国（1527—1596），字维桢，歙县人，嘉靖乙丑（1565）进士。许国石坊呈长方形，东西南北，面面俱到。八根石柱，冲天矗立，支撑着石坊，故俗称八脚牌楼。石坊南北长度为11.54米，东西宽度为6.77米，高度为11.4米，总平面为78.13平方米。每根石柱见方50厘米，高7米多，上层另有4米多高连接柱，与之相连。柱枋之间，亦紧密相接，形成一体。前后分两进牌楼，每进牌楼分三层，最高层有三间。梁枋、栏板、斗拱、雀替，均用巨石雕琢，每块石雕重量约有四五吨，上刻锦纹、云纹、珍禽怪兽、奇花异草图案。如梁枋两端有缠枝、如意头、锦地开光，多为浅浮雕。楼层石窗框内，刻有巨龙飞腾、龙庭舞鹰、凤穿牡丹、麟戏彩球、威凤祥麟、瑞鹤翔云、鱼跃龙门、三报喜、双报喜等，多为深浮雕。立柱四面，共雕大狮子十二只，其中有的大狮抱小狮，十分亲昵。狮子或奔或驻，或立或蹲，刚劲粗犷，形态各异。明代书法大师董其昌亲笔题字镌刻于牌楼之上，上书"恩荣""先学后臣""大学士""上台元老""少保兼太子太保礼部尚书武英殿大学士许国"等字，

歙县许国石坊　木生 绘

字迹苍劲浑厚，气概恢弘，从而提高了石坊的审美价值。清代文人吴梅颠在《徽州竹枝词·咏八脚牌楼》诗中写道："八脚牌楼学士坊，题额字爱董其昌。"这是可信的。

二、徽州牌坊的品类

徽州牌坊，品类很多。如：功德坊，功名坊，纪念坊，标志坊，节孝坊，等等。兹分述如下：

西递明代石牌坊

木生摄影

（一）功德坊

前面所讲的许国石坊，就是全国最大的功德坊。许国历嘉靖、隆庆、万历三朝，位极人臣，官至礼部尚书等职。经万历皇帝准许，建立此坊，并赐"恩荣"匾额，加以褒扬。关于这点，前已论及，不再多赘。

此外，屹立在黟县西递村口的胡文光刺史石坊，也是一座功德坊。它建于明代万历六年（1578），早于许国石坊六年。胡文光是西递村人。他曾任胶

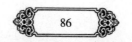

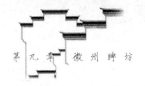
州刺史，由于政绩卓著，深受长沙王（皇帝之叔）称赞，特举荐他到自己所属领地湘鄂一带任职，担任长沙王府长史，又叫荆藩首相。我们所看见的胡文光石坊上面刻着的"荆藩首相"，就是由此而来的。

胡文光刺史石坊，为三间四柱五楼。坊顶三层楼，戴帽翘角，鳌鱼相望。前者含飞黄腾达之意，后者含独占鳌头之意。每层楼脊两端，各有一只鳌鱼，居高临下，登高望远，暗喻胡氏地位显赫。三层楼还雕以文臣武将，四层楼雕以八仙过海。文臣武将位置竟在八仙过海之上，可见对于贵人的抬举，超过了对于神仙的抬举；对于贵人的讴歌，超过了对于神仙的讴歌；对于封建政权的重视，超过了对于封建神权的重视。五层楼雕以四只狮子，狮座雕以花纹，象征皇帝玉玺。石坊高十三米，宽九米。十三之数，与龟版十三块之数暗合，有延年益寿的含义。九为阳数，含至高无上的意思。坊上刻蟹蛛两个，象征法官，又雕琢三十二个如意花盘，象征着胡文光当官三十二年。正当胡文光二十一岁进士及第为官到五十三岁告老还乡这段时间。在漫长的宦途上，万事如意，故雕以如意花盘。由于东林党祸蔓延，故作退一步想：急流勇退，归去来兮。此外，石坊上还雕刻着卷草、云纹、抱鼓、鹤鸣九皋、有凤来仪等形象，更加凸显出石坊的幸福氛围和德高望重的内涵。尤其值得一提的是，在四根立柱下方，有四只石狮，俯冲倒立，紧挨石柱，气势磅礴，气概雄伟，力大无比，既给人以壮美的感受，又起着稳固石坊的功用。其俯冲倒立的形象，世所罕见。这不仅是徽州石雕中的稀世之品，而且是全国石雕中狮子形象的翘楚。这是徽派石狮独创性最突出的典型，是作为世界文化遗产西递村口石坊底部熠熠闪光的明珠。

此外，歙县富竭乡丰口村，有一座四脚牌坊——宪台坊。它呈立方体楼亭形状，东南西北，面面俱到。四根立柱，支撑四方，四平八稳，面目独具，俗称四脚牌坊。建于明代嘉靖年间，是为表彰郑廷宣、郑绮父子二人而树立的。嘉靖二十六年（1547），郑廷宣之子郑绮进士及第，被派往云南边陲当官，政绩卓著，深受朝廷赞许，故为他立坊，名曰"宪台"，并命刻在额枋上；其父郑廷宣也受到表彰。此坊上部为楼式，下部为亭式。楼脊鳌鱼相望，檐下斗拱出跳，雀替、额枋、瓦当等形象，均有生动、鲜明、简朴的花卉图案。此坊建于许国石坊前，所以具有借鉴作用。

此外，徽州区潜口村，有一座恩褒四世坊，为乾隆五年（1740）建立。潜口村盐商汪应庚，曾慷慨解囊，赈济灾民。其子汪起，孝敬长辈，曾割股作为药物，以治疗父亲的疾病，因而得到朝廷的夸奖。所以，汪应庚的祖

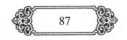

父、父亲、儿子和他本人，一共四代，都受到朝廷的诰封。此坊刻着"恩褒四世"字样，因此得名。

（二）功名坊

功名坊与功德坊有同有异，它们都重视功，即为封建朝廷出力建功。但功德坊强调道德、品行，功名坊则强调科举名分。

徽州区唐模村巍然屹立的一座同胞翰林坊，就是功名坊。它是为了向世人诏示许承宣、许承家兄弟二人的业绩的。他们都是清代康熙年间的进士，都在翰林院任职，都受到皇帝的赏识，因而得到立坊受奖的待遇。此坊立于唐模村口要冲，冲天石柱，直指苍天；三幢高楼，凌空而筑；"恩荣"匾额，当中树立；"同胞翰林"四字，苍劲淳朴，横书于"恩荣"匾额之下。四根石柱底部，石狮蹲立前视；石柱、石坊，雕刻飞禽、花卉图案，清秀俊美。此坊建于康熙年间，对徽州士子热衷科举起着很大激励作用。

在歙县槐塘村，有座丞相状元坊，始建于南宋，巍然耸立于村口要道，明代弘治年间重修，并循古制。上刻"丞相"、"状元坊"、"学士"等字。其额枋中央，高树"圣旨"牌匾，系以红沙岩打造而成，因此，这座承相状元坊，俗称为红牌楼。此坊有四根立柱支撑，为三间三楼。最高层楼脊正中，设置一颗圆状宝顶，仿佛此坊冠盖之顶，从而集中突出了主人的智慧。楼檐之下，斗拱层层出跳，生机蓬勃，蔚为壮观。此坊旌表的人物是南宋的右丞相程元凤、御赐状元程扬祖、亚卿（尚书副职）程元岳等人。他们都是歙县槐塘程氏大族的佼佼者。此外，在绩溪县冯村，有一座冯瑢进士坊。冯瑢为明代成化年间进士。成化己亥岁（1479），立此牌坊。牌坊建于九槐十三桥风景区之间。九株古槐荫蔽大地，十三座石桥横跨河流。在此怡人心境的优美环境中，秉承着"恩荣"的赏赐，享受着田园乐趣。此坊为四根石柱支撑，共三间五楼。楼上飞檐翘角，流云暗渡。浮雕有：云纹雀替，狮子盘球，麋鹿跳跃。额枋中间镌刻着"进士第"字样。

在徽州区洪坑村，有座世科坊，建于明代弘治十一年（1498）。高九米，宽十米多，体积厚重宽阔，构造新颖独特。因为它的楼式特殊，其楼敞开，空间明亮，楼顶偏重水平韵律。它的斗拱特殊，斗拱左右，各有一翼，为圆形，仿佛鸟的两翼，似乎可以飞翔。翼上刻着美丽的花纹。这种飞鸟式斗拱，似可与大鹏展翅、凌空翱翔相联系，暗喻金榜题名、飞黄腾达的意思。同时，它又像振翅欲飞的蝙蝠，以蝠喻福，象征吉祥。这种式样，与层层出

跳的方形斗拱有着明显的区别，是稀世之珍。此外，它的旌表方式特殊。它不是表彰某一些或单个的人，而是表彰成批成群的人。石坊正中雕刻着"世科"二字。两旁刻着明代弘治年以前洪氏家族考中进士的姓名，因而这是一座洪氏宗祠坊。

在徽州区洪坑村，还有一座旌表洪本仁的进士坊，建于清代乾隆二年（1737）。虽经二百几十年风雨侵袭，至今保存完好。额枋字迹，历历在目："诰封朝议大夫候选主事加三级"等刻书，苍劲浑厚、古朴典雅。其蹲狮、麒麟、鲤鱼跳龙门、怪兽珍禽、奇花异草及多种几何形图案，精美绝伦，叹为观止。

此外，歙县城内有：明代万历十六年（1588）"父子明经"坊，清代雍正十一年（1733）吴氏宗族世科坊。歙县吴川村清代康熙年间建立的胡文学、胡璋进士坊，徽州区岩寺镇明代正德十一年（1516）建立的郑佐"进士第"坊，均为功名坊。

功名坊与功德坊不少是合而为一的。有些牌坊，既旌表其主人之功德，又颂扬其主人之功名。如歙县雄村，被誉为宰相故里。曹氏家族，称雄于此。其四世一品坊，名闻遐迩。旌表的主要人物是乾隆年间的户部尚书曹文埴，此外，还褒扬了曹文埴的曾祖父、祖父、父亲（乾隆恩赐三人一品官衔）。曹家世代经营盐业，为徽商巨贾。曹文埴二十五岁殿试合格，考中传胪，供职翰林院，成为皇太子的授课老师，倍受皇帝器重，后来官升到尚书的宝座，还被任命为《四库全书》总纂官中的一员。此坊为三间三楼，四根石柱冲天而立，十分雄伟。楼上刻着"四世一品"字样。字迹雄浑，气势豪迈。雕刻精美，造型独特。

歙县雄村还有一座牌坊，叫"光分列爵"坊或"大中丞"坊，系清代乾隆二十七年（1762）建造。它位于新安江畔，竹山书院之侧，为旌表曹祥、曹楼、曹文埴而立。曹祥，明代成化年间进士。曹楼，明代隆庆年间进士。曹文埴，清代乾隆年间进士。牌坊为冲天柱式。四根石柱，冲天树立，器宇轩昂，气概俊美。共设三间三楼。楼内雕窗空透明敞，花纹秀丽。枋上匾额中书"光分列爵"四字，背后一面有"世济其美"四字。下面的横坊上有"学宪"、"大中丞"、"传胪"字样。此坊文饰简洁，造型古朴，线条流畅，精神矍铄。既表彰曹氏家族功德，又赞扬曹氏家族功名，具有人文风度。特别是"世济其美"一词，更加凸显出美的风韵。

此外，绩溪县瀛州乡大坑口村（龙川），有一座牌坊，为楼式建筑。其额

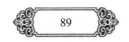

枋墙匾上刻着"奕世尚书"四个大字。字迹浑厚雄伟，气势磅礴，深得唐代大书法家颜真卿字体之神韵。这就是名闻遐迩的奕世尚书坊。它建于明代嘉靖四十一年（1562）。其旌表的人物是胡富、胡宗宪二人。横枋正面镌刻着他们的头衔："成化戊戌科进士户部尚书胡富，嘉靖戊戌进士兵部尚书胡宗宪。"从成化戊戌年到嘉靖戊戌年，正好是一个甲子，为六十年。胡氏家族中两人，在此期间都考中进士，并登上尚书宝座，这不是欣逢奕奕盛世？这种奕，是盛大的意思，所谓"奕世"，便是盛世。他俩都荣获尚书的官衔，当然是"奕世尚书"了。但是，明代封建仕途，险象环生。胡富尽管政绩卓著，却遭奸佞忌恨，终因仕途艰险，而告老还乡。胡宗宪则被诬陷为严嵩党羽，而被两次投入牢狱，后冤死狱中。

奕世尚书坊巍然屹立在龙川南岸，体积硕大丰厚，气象宏伟壮观，楼层高耸入云，斗拱层层出跳，雕刻绮丽典雅，楷书端庄严谨。那福气活现的鸥鸟，稳稳地停在楼脊上，安闲地注视着前方；那跳跃的狮子，在无忧无虑地滚动着绣球；那可爱的梅花鹿，在草丛中奔跑；那吉祥的游龙，在悠然自若地玩耍；那飘逸的仙鹤，在自由地翱翔；那巨大的鲲鹏，在迅猛地翻腾；那"大司徒"、"大司马"、"奕世宫保"、"青宫少保"、"太子少保胡富、太子太保胡宗宪"等楷书刻于石坊之上，虽历数百年风雨，仍然神采奕奕，熠熠闪光。至于山水人物，奇花异草，精美图案，触目即是，不可胜数。此坊为安徽省重点文物保护单位。它和全国重点文物保护单位——龙川胡氏宗祠毗邻相望，仿佛都在默默地倾诉着昔日的凄楚和辉煌。

此外，徽州还有许多牌坊，是既含功德又含功名的。如：明代万历四年（1576）建于歙县殷家村的殷正茂尚书坊；明代万历五年（1577）建于歙县殷家村的大司徒坊；屯溪区南溪南下村旌表明代万历年间吴中明的户部尚书坊，还有清代康熙年间建立的监察御史吴蔚御史坊：俗称下村双坊；明代万历四十二年（1614）建于歙县城内的柏台世宪坊；明代正德二年（1507）建于歙县许村高阳桥东老街的五马坊；明代嘉靖年间建于歙县许村的薇省坊；明代崇祯十四年（1641)建于歙县许村的三朝典翰坊。

（三）纪念坊

除功德坊、功名坊外，还有纪念坊。纪念坊中，最为著名的是龙兴独对坊。

龙兴独对坊位于歙县富竭乡槐塘村，建于明代正德年间，为四柱三间五

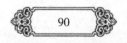

楼式。其一层楼右侧斗拱与人物相互圆融，仿佛人物式斗拱，斗拱式人物，造型十分奇特。其二、三层楼斗拱，有十多个，每个斗拱样式，均有自己特殊的风采，绝不雷同。非亲目所睹，难以道出它的奥妙。斗拱上刻以多种纹饰与几何图形，有十字形，有长方形，有凹凸形，有连锁形，有弓形，有扁圆形，有直线，有曲线，有折线，其雀替承托楼层梁枋，呈倾斜状，富于韵律感，给人以力的联想。在二层楼中间，镶嵌着一块长方形龙凤石板，上面镌刻着文字，太祖朱元璋同徽州紫阳书院山长唐仲实的对话。朱元璋从宣城到徽州歙县，召见唐仲实，问以治国方略。唐仲实的回答是："不嗜杀人，故能定天下于一"，"民虽得所归，而未遂生息"。意思是说，一是不要乱杀无辜，二是让老百姓休养生息，才能天下太平。这是对话的核心内容。这番镌刻在龙凤板上的对话，可以参见《明太祖实录》卷六。当时，正值元代至正十八年（1358），距明代建国还有十年（明太祖洪武元年为1368年）。朱元璋为夺取政权，采纳了唐仲实的建议。明武宗朱厚照正德年间（1506—1521），为了纪念明太祖朱元璋和唐仲实的这番对话，为了旌表唐仲实的贡献，便在唐仲实的故里歙县槐塘，建造了这座纪念坊。在坊额正中，楷书"龙兴独对"四个大字。字迹浑厚雄伟，气象峥嵘。其周围祥龙瑞鹤、奇花异草的镂空雕刻，鲜明生动，韵味无穷。其建筑构思，以"龙兴独对"为主题，显得虎虎有生气。其"龙兴"一词，涵义深长。因为朱元璋是安徽凤阳人，凤阳龙兴寺，为朱元璋早年出家处。后来，他当了明朝开国皇帝。这条人龙，不是兴旺发达了么？可见"龙兴"一词的来源，是有根据的。而唐仲实能够有幸同这个即将登上真龙天子宝座的皇帝单独对话，也可足慰平生了。

歙县许村建于明代隆庆年间的双寿承恩坊，是为了纪念一对年逾百岁的夫妻寿星的。此坊由四根立柱支撑，中间两根石柱底座蹲坐着狮子，两旁石柱底座雕刻石抱鼓，给人以稳定、安详的感受。共有三门三间五楼。"双寿承恩"四个大字，浑厚端祥，横于额匾之上。枋上雕刻简洁古朴，有人物、飞鸟、骏马、花卉、云纹等。楼分五幢，共有三层。层层跌落，呈斜坡、天梯形，一、二层对称、参差，三层最为高峻。楼脊呈水平韵律，两端翘角，饰有吉祥物，并雕刻着花纹图案。此坊的打造，表明了中国古代文化中尊敬老人的优良传统。

歙县潜口乡蜀源村，乃鲍氏家族聚居之地。建于乾隆年间的贞寿之门坊，是旌表鲍德成之妻的。鲍德成对父母亲十分孝敬。他的妻子方氏，不仅孝敬公婆，而且活到一百岁。因而得到官府准许，建立此坊。在匾额上刻着

"贞寿之门"的正楷，为传统文化增添了孝的内涵。但是，这种孝，不是愚孝，而是敬爱父母、公婆的人伦之孝。此坊除了强调孝字外同时还尊重寿字，这是人人所希望达到的。

歙县郑村忠烈祠坊、司农卿坊、直秘阁坊，建于明代正德五年（1510）。忠烈祠坊系徽州汪氏家族纪念其始祖汪华而建立的。汪华为隋末唐初人，曾任歙州刺史。死后被封为忠烈王。徽州人景仰之至，尊称其为汪公大帝，笃信他能保一方平安。忠烈祠坊为四柱三间五楼石坊，造型古朴雅致，"忠烈祠"三字，方正圆润，有方有圆，刻于枋间；其楼檐、斗拱等，虽系石质，恍如木制。如此以石代木造型，尤为独特而罕见。

司农卿坊在忠烈祠坊的东边，是为纪念汪叔詹而立。他是宋代崇宁年间进士，官职为掌握农业的司农少卿。其子汪若海，靖康时力主抗金卫国，曾官至直秘阁，故为之立坊，位于忠烈祠坊西边。三坊比肩而立，简称为忠烈祠坊。

（四）标志坊

除功德坊、功名坊、纪念坊以外，还有标志坊。它对历史、地理和人文环境具有标示作用。如休宁县岩前镇始建于明、重修于清的登封桥坊，就在登封桥南，坊上有"登封桥"三字，明确地标示出它的位置。

此外，歙县东门外建于明代的高阳里坊，有大学士许国亲题的"高阳里"三字刻于坊上。此乃许氏宗祠门坊，因许氏宗族原为高阳郡人，故以高阳里命名。

此外，歙县郑村建于元代的贞白里坊，上刻元代程文写的《贞白里门铭》，系为旌表"操守廉介，所至有惠政"的郑千龄而立。他"忠贞清白"，为郑门楷模，故立此坊。它具有标志坊兼功德坊的特点。

（五）节孝坊

除功德坊、功名字、纪念坊、标志坊外，还有节孝坊。如歙县城内建于清代乾隆年间的含贞蕴粹坊，为四柱三间三楼。石柱冲天而立。朝廷赐予的"恩荣"二字镌刻于匾额之上，一对飞龙，活泼游动，栩栩如生。楼内透雕，花团锦簇。横枋上刻以"含贞蕴粹"四字，字迹端庄清秀，含蓄隽永。下书"旌表吴廷遴妻孙氏贞节"。坊高九米有四，宽六米有六。气势峻拔。孙氏二十五岁，即遭丧夫之痛，却用自己辛勤的汗水，日夜劳作，支撑全家费用，

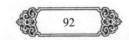

在悲苦中度过一生。

在歙县许村，有一座建于清代的石坊，叫彤史垂芳坊，坊上两面分别横书着"彤史垂芳"、"冰寒玉洁"，为旌表程氏的贞节坊。

此外，歙县许村建于乾隆年间旌表二十二岁丧夫的汪氏"松虬雪古"节孝坊，歙县富堨镇建于乾隆年间旌表十七岁守寡的仇氏"青年守节"坊，都浸湿着妇女的泪水，沾满了封建礼教的罪恶。

以上举了一些例子，介绍了徽州牌坊的几种类型，不只在一处，而是比较分散的。下面，集中地概括地介绍一下棠樾牌坊系列，从中可以看出几种牌坊类型的具体风貌和整体风貌，以便加深对徽州牌坊的理解。

三、棠樾牌坊群

歙县棠樾牌坊群，是全国重点文物保护单位。它坐落在歙县城西南十五华里处的富堨乡棠樾村。棠樾，北倚龙山，南临丰乐河，并以富亭山为屏障，着实在枕山、环水、面屏的风水宝地。

棠樾，语义古老，语源流长。据明代成化年间《棠樾鲍氏宗谱》记载，鲍寿孙《次韵寄鲍仲安》诗云："遥想棠阴清昼永，无边光景总堪诗。"其棠阴一词，参见《诗经·召南·甘棠》，指甘棠树阴下谈论德政。樾，指两树交阴之下，枝繁叶茂，一派兴旺景象。可见，棠樾源自棠阴，意思是说，甘棠树阴之下，风光无限美好。鲍氏宗族，选择如此地带安家落户，繁衍后代，的确是独具慧眼的，明清两代，鲍氏宗族的发展，达到了鼎盛期。在政治上，官运亨通；在经济上，富甲歙州；在文化上，推崇程朱理学。这就为棠樾牌坊群的建立，奠定了基础。如果没有这个坚实的基础，棠樾牌坊的类型，就不会如此多样、如此完备。可见，棠樾鲍氏宗族政治上有靠山，经济上有实力，文化上有信仰，因而为建造牌坊系列提供了物质条件和精神支柱。

棠樾牌坊群建于明清两代，明代为三座，清代为四座，一共七座。由西向东，一字儿排开。兹分述如下。

（一）鲍象贤尚书坊

鲍象贤（1506—1578），生于明代正德元年，卒于明代万历五十三年，为棠樾鲍氏宗族第十六世祖先。明代嘉靖八年（1529），他考中进士，历任户部右侍郎、右都御史、兵部右侍郎、兵部左侍郎等职。他文武兼备，功勋卓著，被誉为嘉靖年间"中兴辅佐"。死后，被追封为工部尚书。直到明代天启二年（1622），始树立鲍象贤尚书坊。正面刻有"官联台斗"四字，背面刻有"命涣丝纶"四字。这八个字，是明代隆庆皇帝朱载垕对鲍象贤的嘉奖之词。从隆庆皇帝的《特赠工部尚书鲍象贤诰命》中，可以找到。在横枋上刻着"赠工部尚书鲍象贤"楷书。牌坊为四柱三间三楼冲天柱式，它劲直挺拔，质朴无华，仿佛廉洁刚正的主人。此坊乃宣扬忠字的功德坊。

（二）鲍逢昌孝子坊

明代末年，天下大乱。鲍逢昌的父亲，经商外出，久久不归，音信杳无。清代顺治三年（1646），鲍逢昌只是年仅十四岁的少年，他思父心切，决心只身寻父，沿途乞讨，至甘肃雁门古寺，才找到病魔缠身的父亲。他搀扶着父亲，历经千辛万苦，回到家中。当时母亲也得了重病。他到浙江桐庐高山中采回真乳香，终于治愈母亲的病症。清代乾隆三十九年（1774），朝廷降旨，对孝子鲍逢昌予以表彰。清代嘉庆二年（1797），才建立牌坊。牌坊为四柱三间三楼冲天柱式，简洁纯净，朴实无华。正立面额匾刻着"人钦真孝"

四个字，背立面额匾刻着"天鉴精诚"四个字。横枋中间刻着"旌表孝子鲍逢昌"七个字。

（三）鲍文渊继妻节孝坊

清代乾隆五十二年（1787），树立此坊，以旌表鲍文渊继室吴氏。吴氏二十五岁嫁给鲍文渊为继室，二十九岁时，丈夫逝世。吴氏精心抚养丈夫前妻的子女，守节终身。此坊为四柱三间三楼冲天柱式，正立面匾额刻着"脉存一线"四个字，背立面匾额刻着"节劲三冬"四个字。

（四）鲍漱芳父子义行坊

鲍漱芳、鲍均父子，是清代嘉庆年间的盐商巨贾。生平乐善好施，热心义举，举凡修桥、补路、筑坝、建祠、办义学、立书院、疏浚河道、赈济灾民，必慷慨解囊，倾力相助。清代嘉庆二十五年（1820），设立此座牌坊，为四柱三间三楼冲天式。其横额正背面均刻着"乐善好施"四字，下面横枋上镌刻着"旌表诰授通奉大夫议叙盐运使司鲍漱芳同子即用员外郎鲍均"。字迹敦厚，与义行互表里；气度豁达，同慈怀相默契。一百八十多年，一直为黎民百姓所称道。此坊又名乐善好施坊。

（五）鲍文龄妻节孝坊

鲍文龄及其妻汪招，同岁。二十五岁时，鲍文龄去世，汪招含辛茹苦，抚育孤儿，终因悲痛、操劳过度而撒人寰。清代乾隆三十四年（1769），为汪招立坊，乃四柱三间三楼冲天式。其正立面额匾刻有"矢贞全孝"四字，背立面额匾刻有"立节完孤"四字。横枋中部刻着"旌表故民鲍文龄妻汪氏节孝"。

（六）慈孝里坊

宋代末年，天下大乱，盗贼蠢起。棠樾村鲍宗岩及其子鲍寿松落入盗贼之手，鲍宗岩将遭杀害之时，其子鲍寿松愿代父受戮，乃父鲍宗岩执意不肯，宁愿引颈受戮。于是，就形成了父子争死的场面。在此危急关头，官兵杀来，盗贼也不忍下手，遂仓惶逃走，鲍氏父子才幸免于难，事载《宋史·孝义传》。明代永乐皇帝朱棣得知此事，深受感动，下诏建造"慈孝里"坊，于永乐十八年（1420）落成。坊上刻着朱棣的御制赞美诗：

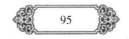

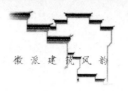

父遭盗缚迫凶危，生死存亡在一时。

有子诣前求代死，此身遂保百年期。

救父由来孝义深，顿令强暴肯回心。

鲍家父子全仁孝，留取声名照古今。

清代康熙皇帝命将此慈孝父子事迹载入《古今图书集成·徽州府山川考》中。清代乾隆皇帝也曾为棠樾写下了"慈孝天下无双里，锦绣江南第一乡"的赞词。清代诗人袁枚在《龙山慈孝堂图为鲍肯园题》一文中，也有描述。

此坊为四柱三间三楼。顶楼有卷草纹脊，富于曲美；其四大斗拱，层层出跳，构成三个山形空间，开敞明亮，纯洁爽净。映照眼帘，渗入心田。

（七）鲍灿孝子坊

鲍灿，是鲍象贤的祖父。他生性至孝，虽满腹经纶，然淡于仕途，宁愿在家侍奉高堂老母，不想外出谋求功名利禄。母患臃疽，众医束手。鲍灿以口吸拔脓血，终于治愈顽疾。邻里对于鲍灿的孝行，称赞不已。后经朝廷批准，于明代嘉靖十三年（1534）树立石坊，并赐予兵部右侍郎的官衔。此坊为四柱三间三楼。楼脊两端，卷草上翘。楼间斗拱支撑，层层出跳。"圣旨"牌高悬其内，字迹工整谨饬。下面额匾刻着"旌表孝行赠兵部右侍郎鲍灿"。枋上刻着狮子滚球形象，为精美的高浮雕。

棠越牌坊群集中凸显出忠孝节义的道德伦理观念，基本上是属于封建主义思想体系的，但与封建主义糟粕相对立的民主性精华，也往往渗透其中，成为中华民族文化的优良传统的有机组成部分，并同封建性糟粕相对峙。对此，必须进行具体剖析，作出实事求是的评判。

四、徽州牌坊的评价

古老的徽州牌坊，在建立之时，人们是多么羡慕？多么景仰？多么可望而不可即？多么渴求塑造自己的纪念碑？人们为此倾注了毕生精力，有的成功了，实现了自己的愿望；有的幻灭了，白白地浪费了青春年华；有的望坊兴叹，无从跻身其中成为人们崇敬的对象；绝大多数贫苦人民，连想也不敢想。

　　光阴荏苒。随着岁月的流逝，徽州牌坊大部分也荡然无存。但从遗留下来的牌坊中，人们能见到什么呢？人们的心情又如何呢？应该怎样估量这些牌坊的价值呢？

　　牌坊时代，已成为历史；昔日的辉煌，不复存在。今天的游子，在牌坊前凭吊时，同古人所处的时空迥然不同。虽然赞叹、惊讶，但绝不想成为牌坊中被称颂的人物。恰恰相反，他们总会以现实的人生态度来对待流逝的过去。古人的声音、笑貌、姿态、动作、心情、遭际、文化教养、社会活动、人际交往情景、国家民族责任感等，已随着岁月的消逝而消逝，今人已无法置身到古人彼时彼地所处时空中，去具体感受古人所感受到的一切。古人所经历的时空，只能从文献资料和遗留的实物中去寻找。因此，今人的探幽访古，不过是寻觅古人的踪迹，今人的凭吊古牌坊，不过是追忆古人的影子，并企图在追忆中复现古人的活动情景，且将自己的爱憎情绪掺和其中，从而对牌坊的主人及其所处时代，作出评判。这种追忆，只是凭着极其有限的资料；这种复现，也只是在自己有限的思维空间进行而已。当你在棠樾牌坊群中漫步时，你只能从直接观照中，去想象鲍象贤这位御赐尚书的显赫、辉煌；你只能从查找的资料中，去印证鲍逢昌这个孝子敬奉双亲的具体情景；

屯溪老街

你透过贞节坊，看到的岂止是鲍文渊、鲍文龄之妻的年轻守寡？而是徽州古代妇女守节的惨烈、悲凉！

徽州牌坊，在阳光、月光的映照下，在凄风苦雨的吹打中，经历了数百年，留下了岁月的痕迹、人世的沧桑，具有某种认识意义。当人们对它进行观照时，有助于人们在脑海中去复现那特定阶段、特定区域的历史，有助于人们了解彼时彼地的人文风貌和风俗习惯，有助于人们知晓当时当地的伦理道德观念和哲学思想。生前受封，死时留芳；活着守节，身后立坊；外出经商，长年不归，在家苦等，独守寂寞；饿死事小，失节事大。这些，都是古代徽州所存在的事实。当你在徽州村落古道中徜徉时，徽州牌坊会和你默默地倾诉。

徽州牌坊之所以建立，当然是为了光宗耀祖、教育后代。但是，数百年后的今天，它是否还有教育作用呢？这就不能笼统地回答，而必须进行具体的分析。为国为民，立坊旌表；乐善好施，立坊旌表；孝敬父母，立坊旌表；百岁寿星，立坊旌表；人文、自然标志，立坊划分时空：这些，都或多或少地体现了伦理道德上的善，无论在当时还是在今天，都是具有教育作用的。当然，它在今天的教育作用，不能估计过高；因为它所表彰的人、事、物，毕竟是封建时代的，毕竟有许多历史的局限性，毕竟含有某种封建糟粕，因而在今天的教育作用，必须实事求是，予以恰当的估量。就拿孝子来说，侍奉父母的孝行，固然值得提倡；但割股疗痛、医治父母疾病的愚昧行为，就不能提倡，因为这是违反科学真理的愚孝。据棠樾村鲍氏《世孝事实》记载，鲍启炘的母亲得了重病，他割了自己的一块股肉，煎药给母亲服用，最终导致自己伤口溃烂，不治身死。如此愚昧，焉能提倡？但在清代嘉庆八年（1803），徽州府歙县知县，居然打造了一块"肤佐刀圭"的匾额，以表彰鲍启炘。这是何其昏聩、荒谬！这不仅在今天没有任何教育意义，即使在当时，也没有丝毫进步作用。它是对医学的逆反、对科学的反动。在封建迷信、因循守旧、习惯势力占统治地位的古代徽州，割股被合法化。它不仅不能治愈疾病，反而使割股者命归黄泉。徽州不少孝子坊、贞节坊的背后，都隐伏着因愚昧而造成的悲惨的故事。

最使人感到灵魂震撼的是贞节牌坊。它是以妇女的青春和生命为代价的。妇女们鲜活的生命所换来的是一堆堆无情的冰冷的石头。每一块石头，都凝聚着贞女节妇的叹息和泪水。如果说，建筑是凝固的音乐的话，那么，从贞节牌坊上所回荡的无声的旋律中，我们仿佛听到了殉情女子如泣如诉的

悲歌。她们是封建礼教的殉葬品。饿死事小，失节事大。宁可绝粒而亡，夫死不可改嫁。歙县城内斗山街上，建于清代顺治七年的"黄氏孝烈门坊"，就是"夫亡绝粒以殉"的典型之一（见《歙县志》）。出嫁的妇女，固然坚守贞节，就是未出嫁的闺阁少女，一旦死了未婚夫，也要恪守一女不嫁二夫的信条。清代咸丰年间的鲍秀鸾，才十七岁，便死了未婚夫。她便殉节身亡。所谓嫁鸡随鸡、嫁狗随狗、嫁个扫帚便跟扫帚走，便通俗而形象地描述了妇女出门从夫的情景。一夫可以多妻，妻亡应该续弦，这是天经地义的。唯独妇女不可再嫁，否则，就违反了天理，宁可灭人欲，也要存天理。这便符合朱熹所提倡的"存天理，灭人欲"。寡妇再嫁，天理不容，坚守贞节，守寡终身，才符合程朱理学之道，稍有违背，便受责难，"唯女子与小人为难养也"（《论语·阳货》）这句话，便可用来判断妇女的行为了。这句孔子说过的名言，正是朱熹这位著名理学大师所宗奉的信条。作为程朱阙里的徽州人，焉能不奉为圭臬？

君为臣纲，父为子纲，夫为妻纲，这三纲乃是天理。在家从父，出门从夫，夫死从子，这三从也是天理。妇女必须在天理的规范下讨生活，否则就是大逆不道，即使在正常的生活中，也只能和小人一样平起平坐，而不能登大雅之堂。

封建礼教害死了无数妇女，程朱理学断送了多少妇女的青春？这样说并非把程朱理学一棍子打死，它也有不少精粹，值得吸取、值得继承；但在坚持妇女守节问题上，却显得那样虚伪，那样不讲人性！

人性，是人的本性，它既是天生的、自然的，又是社会的、现实的。它具有生物学、遗传学、生理学、心理学、社会学等方面总和的特征。女子的生长、发育、婚嫁，都应顺乎她们各自的人性，符合她们的生理、心理、社会的需求，切合她们人性发展和宏观规律，而不能采取存天理、灭人欲的办法。否则，就是戕害妇女的人性。现在，让我们举个例子，看看妇女的人性是如何遭到戕害的：清代嘉庆六年（1801）的秋天，嫁给浙江龙游的兰姑，给她的家乡歙县棠樾村鲍氏家族捎来一封家书，写道：

> 龙游兰姑鲍氏女，守节卅年多凄苦。
>
> 镜里乌云变白发，解尽连环九九数。
>
> 长夜漫漫何时尽？复朝苦海抛青蚨。
>
> 寻寻觅觅九折肱，熬完寒冬历炎暑。

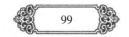

青蚨一子飞不还，到头又成九九数。

锭银百两伴二物，拳表寸心奉贞女。

这是鲍氏女兰姑对自己悲惨命运的描述。她十七岁出嫁，二十一岁时，丈夫、儿子先后身亡，她守节三十年。在漫漫长夜中，靠数钱（青蚨）打发时光，靠解结九连环的游戏来消磨岁月。当她得知棠樾女祠清懿堂落成之日，特呈百两锭银并九连环、青蚨二物赠给家乡贞女节妇，以寄托她那悲苦的情怀。她的自述，颇具典型性。她的诗歌信函，可谓字字血泪，声声哭诉。在那个时代，封建政权、神权、族权、夫权这四条绳索，紧紧地束缚住"程朱阙里"的广大妇女，她们无力反抗。她们本真的人性、鲜活的个性受到极大的摧残。她们失去了自由，她们没有人的尊严，她们被剥夺了作为人的一切权利。所谓守节，就是心甘情愿地去忍受封建礼教对自己天生人性的摧残，就是自觉地去接受"天理"的熏染，消灭"人欲"的渴求。而达到树立贞节牌坊的标准，才算是她们苦苦煎熬、葬送一生的最高境界。如此灭绝人性之举，有何天理可言？徽州贞女节妇的不幸，真是可悲、可叹、可怜！在徽州贞节牌坊的观念中，存在着对天理的赞颂，对人性的摧残；显示出天理和人性的冲突，人性与非人性的冲突。在冲突中，天理吞噬了人性，非人性消解了人性。原本鲜活的徽州贞女节妇，在逆来顺受中，只能以人性消亡的悲剧命运而告终。

当我们在贞节牌坊中穿过时，深深感到这石头的沉重、历史的沉重、心情的沉重！特别是每当阴云缭绕、夜色朦胧、在坊下踯躅徘徊时，你不由自主地会产生联想，仿佛隐隐地听到了贞女节妇的叹息声。

树立贞节牌坊的目的，是为了"存天理、灭人欲"，是为了作为标准去规范妇女，其封建教育的宗旨是十分明确的。随着社会的发展、时代的进步，这种绝灭人性的教育，已经进入了坟墓，丧失了统治地位。

但是，就美学的角度对贞节牌坊进行观照，是否有意义呢？能否给人以美的感受呢？

当我们目击牌坊巍峨高耸的壮观景象时，我们不由自主地要发出赞美声。它体积巨大，富于数学的崇高美。它那四根石柱，或直冲青天，或支撑高楼，沉稳有力，岿然不动，富于力学的崇高美。而石柱底座的狮子、抱鼓、石托等，又为石柱巨大的支撑力增强了安定、稳定、坚定的因素。不仅如此，牌坊上还有许许多多精美的雕刻，如龙、凤、飞禽走兽、花鸟鱼虫、

云纹、水纹、几何图案等，这些，都给人以优美、秀美的感受。总之，这些牌坊，都富于崇高、壮美、优美，因而都可使人产生崇高感、壮美感和优美感。但就整体而言，其优美乃是附着于崇高、壮美的，因而主要给人的乃是崇高、壮美的感受。

当然，这种崇高、壮美、优美，主要是就其形式美而言。贞节牌坊是"存天理，灭人欲"的一个象征物，在内容上有什么美的意义可言呢？然而，在形式上，却无可讳言，它是有美可寻的。

德国古典美学大师康德是提倡美的形式的。他认为内容与功利目的有关，而美则排斥功利目的；因此，与功利性有关的内容是不存在美的。他把美说成是纯粹的无利害的形式。所以，他在《判断力批判》这部美学专著中，下了这样的结论："一个关于美的判断，只要夹杂着极少的利害感在里面，就会有偏爱而不是纯粹的欣赏判断了。"[1]又说："美是无一切利害关系的愉快的对象。"[2]最后，他得出了美是无目的对象的形式的结论。

康德强调形式美和美在形式，有其可取之处，用来剖析徽州贞节牌坊，也具有某种借鉴意义。贞节牌坊的封建性糟粕是应该诅咒的，是不美的，是属于丑的；但其形式却是含有美的因子的。这就出现了贞节牌坊内容与形式的矛盾，美与丑的冲突。

但是，康德的说法只是一家之言。他强调形式美，这是对的，然而强调得过了头，把美百分之百地归结为形式，而把内容完全拒之于美的大门之外，就显得不妥了。例如，我们说徽州贞节牌坊的封建性糟粕是不美的，但不能说所有的徽州牌坊的内容都与美无涉。我们能说棠樾牌坊群中的"乐善好施"坊的内容与美无涉吗？我们能说"慈孝里"坊的内容与美无涉吗？我们能说郑村"贞白里"坊的内容与美无涉吗？我们能说许村"双寿承恩"坊的内容与美无涉吗？这些牌坊的内容的涵义，都或多或少地与善相联系，或强或弱地体现了美，因而就必然与美为邻。古希腊美学家亚里斯多德认为："美是一种善。"[3]依照这一逻辑推衍，美也是属于善了，因而徽州牌坊中举凡凸显出善的，也是美的。这当然是从内容的角度来确定以善为美的。

对于康德和亚里斯多德的观点，必须取其精粹，择优而从。康德认为，美在形式，美是与善无涉的独立形态，因为善体现出功利目的，当然就不属

①康德：《判断力批判》（上卷），宗白华译，商务印书馆1987年版，第41页。
②康德：《判断力批判》（上卷），宗白华译，商务印书馆1987年版，第48页。
③北京大学哲学系美学教研编：《西方美学家论美和美感》，商务印书馆1980年版，第41页。

于美了。康德把善与美严格地区分开来，认为是两个不同的概念，这是有可取之处的。但他却把善与美完全对立起来，认为二者无关，因而说得未免绝对。至于亚里斯多德，虽然强调了美与善的血肉联系，但认为善大于美，把美归结为善的一种，这种说法，有以善代美的倾向。我们则认为：善与美，是有严格区别又有密切联系的。美，既不能排斥善，又不能混同善。美，既热衷于形式，又不等于形式。

当我们弄清这一理论问题后，再来剖析徽州牌坊哪些有善有美，哪些有美无善，就可更清楚、更深刻了。

在徽州大地上，木坊、砖坊，为数寥寥，最多的是石坊。仅以现存的一百几十座牌坊而言，其中石牌坊就有九十多座，而石牌坊中最为著名的就是竖立在歙县城内的许国牌坊，也是全国最大的功德坊。此外，屹立在黟县西递村口的胡文光刺史石坊，也是一座功德坊。它建于明代万历六年（1578），早于许国石坊六年。至于歙县棠樾树的牌坊群，共七座，均为石制，三座建于明代，四座建于清代。其中，有功德坊，有功名坊，有慈孝坊，有乐善好施坊，有节烈坊等，品类丰富，形态多样。既有封建性的糟粕，又有民主性的精华。必须运用历史主义的观点，实事求是，具体分析；而不可一概肯定，或一概否定。

西递胡氏宗祠内部

木生摄影

第十章　徽派园林建筑

一、园林包孕建筑，建筑包孕园林

提起中国古典园林，人们都会交口称赞：北京的颐和园多美啊！承德的避暑山庄，何其令人流连忘返啊！苏州的拙政园、留园，扬州的何园、个园，何其令人神往啊！绍兴的沈园，多么令人陶醉啊！的确，这些著名的园林，乃是中国园林的精粹，是南北古老传统文化的结晶，对于陶冶人们的情性、装点祖国的大好河山的美，具有重要意义。

祖国古典园林，品种多样，风格各异。有的富丽堂皇，雍容华贵，如北方之皇家园林；有的玲珑剔透，轻柔秀美，如南方之私家园林。它们虽处都市繁华之地，都没有喧嚣，故历来为骚人墨客所瞩目。加之交通发达，人迹易至，信息灵通，故遐迩闻名。但是，有的重要园林却在岁月的流逝中悄悄地消磨着，它蕴含着动人的情致，暗暗地在寂静的山村中展示自己的美，这便是徽州园林，"藏在深闺人未识"。这便是徽州园林的隐秀美的潜在状态。它那俏丽的倩影，优雅的风姿，在徽州人的心目中留下了不可磨灭的印象。千百年来，由于山隔路遥，人迹罕至，它隐藏在青山绿水之中，错落在危岭险隘之上，而鲜为人知。加之徽州理学之风盛行，宗法制度森严，封建观念深重，慎独心理牢固，也是徽州园林长期以来沉默自处的原因吧。

随着社会的进步，交通的发展，古老的徽州也焕发了青春。徽州园林以其卓拔的情资与典雅的韵味，在徽州大地上独领风骚，招徕着四方的游客。

徽州园林不是孤立的存在，它与徽州建筑是唇齿相依的。没有徽州建筑，徽州园林就不完整统一；没有徽州园林，徽州建筑就形单影只。徽州园林中的楼台亭阁、桥坊柱碑，哪一样不是建筑实体？哪一样不是园林的肌体？徽州庭院园林、郊野园林，又哪一样不在优化着徽州环境？又哪一样不在衬映着徽州建筑的美？在歙县，如果没有檀干园的群芳竞艳，哪能烘托出

唐模村建筑的秀美？没有汪氏园圃的婆罗高树，焉可突现富竭村的蔽日浓荫？

正由于徽州园林与徽州建筑具有不可分割的血肉联系，故有人往往合称为徽州园林建筑。正由于它们都是为人而存在的，故称园林为人的动态（主要指游览）环境，建筑为人的静态（主要指居住）环境。许多园林名著论述园林时，必谈建筑，如明代计成的《园冶》，文震亨的《长物志》等。许多建筑名著论述建筑时，必涉园林，如宋代李诫的《营造法式》，清代李渔的《一家言》等。园林与建筑虽不能完全等同，但二者却是相互渗透、彼此交叉的。现代建筑学家刘敦桢在《中国古代建筑史》中，就把园林作为建筑的一个部分；现代园林学家陈从周在《说园》中，就把建筑作为园林中不可或缺的重要元素。这种园林建筑相互包孕的理论，也是适用于阐释徽州园林建筑的。黟县西递村明清建筑群，家家有庭园，户户有花圃，庭园处于高墙之

美丽宏村

内，苑囿位在居所之后，可谓建筑包围园林。至于黟县宏村建筑，则分布半月塘畔，南湖之滨，小桥之侧，清溪之旁，一言以蔽之：水口园林之内，村落依山傍水，顺势而成，此谓之园林包围建筑。至于建筑之内，又包孕园林者，亦屡见不鲜。宏村内外，水系纵横，家家泉水，户户垂杨。庭园之间，流泉玲琮，汩汩而出；加之草木贲华，云霞雕色，蛱蝶飞舞，黄鹂歌唱，益发生机蓬勃，春意盎然。如此苑囿，不仅本身美丽，而且强化了建筑的环境美，从而显示出园林包孕建筑、建筑又包孕庭园的互渗性和交叉性。当然，园林与建筑也是有区别的，它们既有同中之异，又有异中之同，形成了同异竞辉的映衬美。

徽州园林既汲取了中国古典园林的精华，又富于自己的特色。它不是京派、海派、扬派、苏派、杭派，而是徽派。徽派的根本特色就是姓徽。它生

木生摄影

在徽州、长在徽州、活在徽州；并以自己的特殊气派、风韵、造型，扩散到四面八方，在外地安家落户。可见徽派之所以姓徽，是由于它有徽州地方特色的缘故；而此种特色并非一蹴而就、短时形成的，它是在长期的历史沉淀中所积累、凝固起来的徽州风味和情调，它是在特定时空融合点上所生发出来的美，这种美是以徽字当头的。徽字当头，美在其中。凡是姓徽的各种艺术门类，均以徽字作为它们风格流派的共同标志。于是，它们便打出了徽字旗帜。这面旗帜，是徽州地域的象征，是徽州文化的表征，是徽人心理底蕴的外化。总之，是徽州人在历史的长河中所追求的共同美，所形成的大致相同、相近、相似的兴趣爱好和理想愿望。这便是徽派的涵义。

徽州园林也是如此。它具有独自的徽派特色，这是别的流派园林所无法代替的。

二、身处园林之内，犹在自然之中

徽州山高路险，人稠地狭，没有北方那样一望无际的平原，缺少苏杭一带平坦的地域，因而不可能建造规模宏大的园林；只能依据徽州的地理环境特点，因地制宜。徽州境内，黄山闻名世界，齐云山（白岳）为道教圣地，新安江奔腾不息。名山支脉，胜水汉河，纵横交错，结成网络。这些，都制约着徽州园林的格局、体式、规模。换言之，徽州山水的迤逦起伏，往往规定着徽州园林的范围、大小、形状。所以，随山采形，就水取势，便成为徽州园林的一大特点。这种特点的精髓便是师法自然，即以造化为师。

唐代画家张璪所说的"外师造化，中得心源"（张彦远《历代名画记》卷十），历来被艺术家奉为圭臬。徽州园林继承了中国古典艺术师法自然的优秀传统，故深谙山水之妙，得自然之趣，以山水园林为主。它顺应自然，与自然凝成一体。身处园林之内，犹在自然之中。故以大自然为皈依，实为徽州园林之精华。它以青山为屏障，以绿水为血脉，以飞禽走兽为伴侣，以竹木花卉为装饰，随四季朝暮风云变化而变化。这便是徽州园林的自然美！当然这里的自然美并不是孤立的存在，而是与园林中的艺术美相映成趣的。园中的楼台亭阁、名人字画，都给自然美增添了生动的气韵。

有人或许会问：其他许多地方的园林，如苏州、杭州、扬州一带的园林，不是也要撷取自然风物作为自己的肌体吗？岂独是徽州园林？难道能将师法自然作为徽州园林的特点吗？这种诘问，似乎也无可厚非，但仔细推

敲，就可明白，徽州的大自然是作为徽州园林的主体而存在的，这就把徽州园林与其他地区许多园林从根本上区别开来。换言之，其他地区许多园林虽崇敬自然、引进自然，但就其主题而言，则是人工居多、自然居少；而徽州园林则是自然居多、人工居少。当然，这并不意味着说徽州园林忽视工巧；恰恰相反，徽州园林是极为重视工巧的。但其目的是为了更好地发现、拓展造化的天性；此外，就是更好地表现建筑、书画的艺术美，并实现自然美与艺术美的巧妙结合。

德国古典美学家康德认为，作为造型艺术中的绘画艺术，是"自然的美的描绘"，而作为造型艺术中的园林艺术，则是"自然产物的美的集合"。[1]"像大自然在我们的直观里所呈现的，来装点园地（草，花，丛林，树木，以至水池，山坡，幽谷），只是另一样地，适合着某一定的观念布置起来的。但这些立体物的集合布置也只是为眼睛看的"。[2]在这里，康德非常强调园林艺术的自然美。当然，它又是按照人的目的加工改造而成的，因而就包含着人的主观因素。它是主客观的统一，自然和人工的统一。康德的园林美学思想与中国古典园林美学思想是有合拍之处的。明代的计成在《园冶》中所说的"虽由人作，宛自天开"，不正说明了人工与自然的巧妙结合吗？

但是，黑格尔对于中国园林的看法却存在偏见。他认为自然美不能充分地体现绝对理念，因而是一种较低层次的美。中国园林艺术只是把众多的自然物集合在一起，没有灵魂，不存在美，因而也引不起人的美感。他说：

中国的园林艺术早就这样把整片自然风景包括湖，岛，河，假山，远景等等都纳到园子里。

……一方面要保存大自然本身的自由状态，而另一方面又要使一切经过艺术的加工改造，还要受当地地形的约制，这就产生一种无法得到完全解决的矛盾。从这个观念去看大多数情况，审美趣味最坏的莫过于无意图之中又有明显的意图，无勉强的约束之中又有勉强的约束。……看过一遍的人就不想看第二遍；因为这种杂烩不能令人看到无限，它本身上没有灵魂，而且在漫步闲谈之中，每走一步，周围都有分散注意的东西，也使人感到厌倦。[3]

---

① 康德：《判断力批判》（上卷），宗白华译，商务印书馆1987年版，第169页。
② 康德：《判断力批判》（上卷），宗白华译，商务印书馆1987年版，第170页。
③ 黑格尔：《美学》（第三卷上册），朱光潜译，商务印书馆1979年版，第104页

这种批评，无论在理论上还是在实践上，都是站不住脚的。从理论上看，这种观点与康德的园林美学观相比较，已经倒退了一大步。康德不仅肯定了园林艺术的自然美，而且肯定了它的人工美，并进一步指出了人所赋予的没有生命的自然物的精神意义，从而表明了园林艺术没有目的的合目的性。但是，黑格尔却指责无意图之中又有明显的意图是最坏的审美趣味。这就看出了他们的见解是何其大相径庭！

如前所述，黑格尔是贬低自然美的。其理由是，自然美缺乏思想、不能充分地体现理念；但当人赋予园林中的自然以美的情趣、美的生命时，他又指责为具有明显的意图。在这里，他实际上又在排斥人的精神作用。可见，他的中国园林艺术观与他崇拜理念精神的美学观，是存在矛盾的。笔者认为，黑格尔所指责的中国园林的缺点，恰恰是中国园林的优点。经过人工改造的自然，体现人的意图的自然，有什么地方不好呢？师法自然，巧夺天工，正是中国园林艺术的优秀传统。关于这一点，徽州园林体现得尤为突出。

从实践上看，徽州园林是十分善于引进大自然山光水色、花鸟鱼虫等来美化自身的；同时，也是十分精于人工制作技艺的。在改造自然环境时，又进行楼阁亭榭建设，其目的都是为了观赏，按照人的审美要求去构造，令人可游、可卧、可居，百看不厌，绝不像黑格尔所说的那样是大杂烩、分散注意力，而使人厌倦。徽州园林，如果不随山采形、就水取势，也就不可能做到师法自然、顺乎天性、因地制宜、随物赋形，大自然就不会和人合作，人就不可能按照美的规律去塑造。黟县宏村水口园林，倚山傍水，顺乎自然，仿佛水牛。高山为头，低峰为尾，南湖为肚，四桥为腿，曲溪为肠，月塘为胃。西递村口园林，好似船形。因水向西流，村庄筑构其上，如船航行其中，故其村口（红亘）园林，系顺山水形势构成。绩溪龙川胡氏园林，绩溪上庄园林，也是遵循山水形势营建的。此外，还有在家前屋后或庭院之内建筑小小居室园林，以供随时随地观赏者，甚夥，甚夥。晚清歙县诗人许承尧《吾园》诗云："吾园如室庐，四柳为中堂。危柯上交荫，缨络垂垂长。短柏垣四周，下置案与床。堂西横竹林，林表撑高杨。"其《山居杂诗》云："雨洗园林近晚秋，乡奇日日爱登楼，锦屏围得人家住，净碧天光覆一沤。"诗中描绘了歙县唐模村许际唐宅园林风光的美。此类住宅园林，村村都有。

三、含隐蓄秀，奥僻幽邃

徽州古典园林与西方古典园林，各有特色。西方古典园林，人工气很浓。均衡、对称，几乎成为西式造园术的重要法规。英国、法国、意大利古典园林，都推崇直线，讲究方正，力求对称，提倡工整，故花木成块，水池成双，平台成对，为几何形数学图案，在艺术风格上追求开敞明朗，豁目清晰，整饬严谨，单纯划一。如意大利朗特别墅（Villa Lante）园林，法国凡尔赛宫园林，就是如此。法国园林艺术理论家都把秩序、比例、对称视为造园术的最高法则。法国国王路易十四曾亲自提倡过这些法则。但是，徽州园林艺术家并不热衷于这些法则，而是有自己独特的见解。

徽州山峦起伏，峭壁千仞，河流环山，平原狭窄，故构筑园林，必须就山顺水，合乎自然，而不能到处讲究对称、均衡、比例。

美丽的徽州，是深深地荫蔽在崇山峻岭之中的，因而徽州园林必然具有隐僻之美。

明代高棅在《唐诗品汇总序》中，曾用"隐僻"一词来概括晚唐诗人李商隐的诗歌风格。如借用来揭示徽州园林的艺术特征，也是非常贴切的。

所谓隐僻，就是含隐蓄秀，奥僻幽邃。具体说来，隐僻的第一个特点是藏。《文心雕龙·隐秀》云："夫隐之为体，义主文外，秘响旁通，伏采潜发。"这里虽指文学，但也可用于园林。明代画家唐志契在《绘事微言·丘壑露藏》中说："藏得妙时，便使观者不知山前山后，山左山右，有多少地步，许多林木，何尝不显？总不外躲闪处高下得宜，烟云处断续有则。若主于露而不藏，便浅薄。即藏而不善藏，亦易尽矣。然愈藏而愈大，愈露而愈小。"徽州境僻地狭，园林尤重隐藏。追求意境的深邃性，情趣的无极性，体悟的无限性。令人探之无底，味之无尽，驻足吟咏，乐而忘返。这便是藏的妙处。如果忘记了意境的深邃性，就是不善藏，也不称其为藏。可见，意境的深邃性乃是藏的精髓，也是徽派园林的精髓。当然，这种藏并非无露之藏，而是藏中有露，露中有藏。陶渊明在《桃花源记》中所描绘的人生理想境界就是藏多露少、以藏显露的。清代胡朝贺在《流水桃花别有天赋》中所描写的黟县小桃源，就是一所徽州园林。赋云："原夫黟之有小桃源也。竹树文横，峰峦对峙，碧草自香，白云屡委。忽峭壁之中开，疑仙人之旧址。因花结屋，驻日月于壶中；临水成村，辟乾坤于洞里。鸡犬安闲，桑麻茂美……

岸上踏寻诗之屐,溪边泛载酒之舫。几日和风开遍,浓花万树;一霄春雨添来,轻涨三篙。"(《胡藤圃杂著》,光绪丙戌重刊本)这里描写的园林,就是深藏在洞内的,如果完全露在洞外,一览无余,哪还有什么味道呢?

隐僻的第二个特点就是秀。《文心雕龙·隐秀》:"秀也者,篇中之独拔者也。"又云:"秀以卓绝为巧。"可见,秀即独拔、卓绝之意。秀,出于自然,来不得半点矫饰。清水出芙蓉,山峦披绿色,桃花灼灼红,昙花默默开,和风轻轻吹,青苔暗暗生,黄鹂恰恰啼,蛱蝶款款飞……这些景物,在徽州园林中都是秀丽的、诱人的。这种秀,品类繁富,异彩纷呈,有:清秀、灵秀、娟秀、雅秀、俊秀、峻秀、峭秀、俏秀、颖秀、隐秀、挺秀、端秀、绮秀、平秀、凝秀、等等。且觌黟县桃源洞园林之秀:"波光荡漾,云径天斜。三月三日天气,一邱一壑人家。隔浦之炊烟几缕,沿溪之古树三叉。……花映水而常妍,水含花而倍沏。……烟锁岩腰,霞明洞口,景足莺花,人安畎亩。此地有峻岭崇(丛)山,其间住牧童樵叟。无多篱落,隔花认竹。瓦茅檐几处,村庄面水开。纸窗松牖遥望,绛云深处春在。……水声溅溅,花红欲燃,塔新岸古,山断谷连。"(清·胡朝贺《流水桃花别有天赋》)这里所写,有波光之清秀、烟霞之绮秀、村落之雅秀、山峰之峻秀、等等,真可谓风光旖旎,目不暇接。陶渊明的后裔、元代庚四公因避战乱迁居于黟县淋沥山下,在五律诗中歌咏了田园秀丽风光:

> 卜宅南山下,依然气象新;
> 地钟淋沥秀,俗爱古风淳。
> 怀德多君子,论交有善人;
> 故乡今不问,从此结茅邻。

在词中称赞了住宅园林的绿色环境:

> 绿树浓荫碧四周,南窗寄傲乐何如;
> 读古书,爱吾庐,奚必他求市井居。

关于庚四公的生活道路及其对黟县桃源园林的描绘,可参见清同治三年《陶氏宗谱》手抄本。

隐僻的第三个特点是奥。它"源奥而派生,根盛而颖峻。"(《文心雕

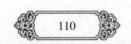

龙·隐秀》）具体地说，就是：奥僻幽邃，曲折多变，玄秘神妙，难以捕捉。山重水复不足以形容其曲，柳暗花明不足以形容其变。当然，这种奥并非晦塞阻滞，而是含隐蓄秀，合乎自然。故《文心雕龙·隐秀》云："晦塞为深，虽奥非隐，雕削取巧，虽美非秀。"徽派园林，奥而不晦，僻而不塞，曲径通幽，自然而然。所谓"深文隐蔚，余味曲包"（《文心雕龙·隐秀》），可以比也。

徽州园林之所以奥，与山川形式有关。徽州地少形狭，山高水长，故在较小空间构筑园林，必须充分利用自然环境的优势。其空间虽小，但必须发挥最大的作用，这就要求小中见大（从广度、体积上施展其功能），以一当十（是从质量上发挥其效应），而不是以小见小、从一见一，也就是求奥、求曲、求幽、求深、求远，在造境上下功夫，以充分调动审美者想象的积极性，从小见大，从一见十，从有限见无限。换言之，这种小是从形状、体积上而言的，但由于构思精巧、造园有术，从意境上看，反见其大、其深、其广。这是由于：作为客体的徽州园林的美，作用于审美主体的大脑，激起审美主体的脑电波扩散活动，从而产生联想、想象，对美的原形予以扩大，对美的含义予以引申，并根据自己的审美经验，对客体进行补充、改造，从而出现新的意象、新的意境。从小小假山联想起黄山高峰，从盆景小松联想到迎客松，从一脉清泉联想起奔腾的新安江，从小园胜景联想到自然风物，从一俯一仰中神驰广漠的宇宙，这都属于以小见大。当然，小中见大，与奥并非等同。小中见大不等于奥，但却是奥所着力追求的。光是小中见大，还不足以构成徽州园林的特点，只有当它曲折多变、幽深难测、清奇险怪时，才可揭示出徽州园林奥僻的特质。绩溪石镜山山水园林、火云洞天寺庙园林，就是如此。清代文人沈复（1763—1807）在二十五岁时，曾游此处。其《浮生六记·卷四·浪游记快》中，有如下一段文字：

> 绩溪城处于万山之中，弹丸小邑，民情淳朴。近城有石镜山。由山弯中曲折一里许，悬岩急湍，湿翠欲滴。渐高，至山腰，有一方石亭，四壁皆陡壁。亭左石削如屏，青色，光润可鉴人形。……离城十里有火云洞天，石纹盘结，凹凸嵥岩，如黄鹤山樵笔意。……洞口皆深绛色。旁有一庵甚幽静。盐商程虚谷曾招游，设宴于此。

这是以大自然为借景的园林，人工构筑范围较小，但却因小（人工）见大

（自然）。此外，休宁齐云山小壶天的山水园林，也具有这一特点。

徽州园林，在宋代就很完备，且长于发挥以小观大的特点。宋代休宁商山人吴儆，在《竹洲记》中，形象地描绘了由修竹、荷花、菱芡、松杉、楮樟、小溪、高山及亭台楼阁所合成的园林之美。他在欣赏竹洲园林之时，还援引了柳宗元的话评价道："'凡游观之美，奥如也，豁如也。'是洲蕞尔之地，而高下曲折，幽旷隐见，殆具体而微者。"于此可知，竹洲虽小，但可见大，其间曲径通幽，奥秘深邃，令人悠然神往，乐以忘返。如此境界，在后来的明清徽州园林中，得到了高度提升。

徽州园林之所以奥僻幽邃、清奇典雅，与徽州山石质地、色彩有关。徽州园林中之假山、石阶、石板、石雕、石塔、石桌、石凳等，大都由青石制成。宋代文人杜绾在《云林石谱》下卷中，对于徽州婺源龙尾溪、祁门县文溪、歙县小清等地所产之青石，备极赞赏。宋代大画家米芾对婺源石评价甚高。明代洪适所辑之无名氏《辨歙石说》，将歙石分为二十七种，佳者如细罗纹石，石纹精细，色质青莹；暗细罗纹石，石纹精细，暗隐不露，色素青黑。至于黟县碧山青石，则纹理精细，色泽清幽，晶莹夺目，山水花鸟图纹，显隐其间。总之，这些青石取之于大自然，与大自然的品格、韵律、色彩是协调的。可见，徽州园林之叠山理水，善于就地取材，发挥徽州优长，遂成徽州园林之重要

西递清代园林

木生摄影

特点。其石料色彩显现为青，便是这种特点的一个标志，青为冷色，在温度上给人的感觉是凉，是收敛，故有助于显示园林的隐秀美。徽州园林之所以奥秘清幽，就与青色之善于藏幽具有密切联系。

徽州园林大都荫蔽在偏远宁静的农村。它没有城市的喧嚣，没有苏、杭园林处于城市中的那种闹中求静的特点，而是静谧淡泊、空寂闲雅、野逸村朴，富于浓土味。徽商徽农们安闲地、愉快地享受着田园乐趣，在与世隔绝的天地中漫游，呼吸着新鲜的空气，谛听着黄鹂、云雀的清脆嘹亮的歌声；清晨，踏着绿油油的草地，观赏那荷池中滚动在绿叶上的晶莹明亮的水珠。傍晚，可远看落日的淡淡的余晖。这，都是静悄悄地，默默地。它随着大自然的流动而变换着色彩、情韵。流泉的玎琮声，农民的闲话声，风声，雨声，竹叶声，鸟鸣声……天籁，地籁，人籁，也时时伴随着园林的寂寞沉静，从而增添了蓬勃的生机与活力，弹奏着徽派独特的音韵。

四、因地制宜，相互资借

明代园林学家计成在《园冶》中说："园林巧于因借，精在体宜。"所谓因，就是因地制宜；所谓借，就是相互资借。换言之，园林家在造园时，必须根据地形与实际要求，将园外的自然风景与社会风情，适当地摄取到园子中来，成为园林风景的有机组成部分，这就属于因借。即从园内需要出发，放眼园外，然后移园外之景于园内，这叫无中生有、有中寓无。园内缺少之景（无），向园外借得，并移入园内（有）；而这种借来的景（有），毕竟不是园内的原来的东西（无）。从审美过程来看，是无—有—无。如此虚无、空灵的境界，正是园林所追求的美。

此外，还有另一种因借，即园内之景，相互资借，彼此衬托。在园林中，有假山、花木、建筑等实体，也有空白的虚无境界。实有与虚无之间，就是相反相成、彼此互补的。虚窗掩映，绿叶扶疏，就是如此。此外，在浓与淡、深与浅、黑与白、红与绿、疏与密、藏与露等对立的现象之间，都存在互补、互借。

徽州园林，吸取了中国古典园林的精华，在因借方面结合自己的特点，充分发挥了本身自然环境的优势。单是著名的黄山、白岳（齐云山），就绵亘数百里。且其支脉繁多，峰峦起伏，青翠处处，触目皆是，故随时随地皆可入园成景。加之烟霭迷蒙，风云多变，更给青山笼上了一层神秘的色彩，故

入园成景之山，亦变幻无常，美不胜收。山奇石怪，云波诡谲，松柏高古，花木秀丽，绿嶂遮目，碧水环绕。这些独特的自然风景，为徽州所仅有，故其园林中因借之景，乃他方所绝无。明代徽州文人吴肇南在《清晖馆记》中，描绘了歙县丰乐溪南的园林——清晖馆。它"东邻曲水园"，"若清晖则不假人巧而任天然"。左右山峰，"或峥岩苍郁，或萦青缭白，皆隐隐云间。……主人凭虚而眺，则五谷垂颖，田家之至乐也。时而晴岚明灭，变幻万状。"这里所写的借景，既有山川的自然风景，又有农村的社会风情，颇富于徽州地方特色。

因借的类型，多种多样。计成在《园冶》中说："夫借景，园林之最重要者也。如远借，邻借，仰借，俯借，应时而借。"兹结合徽派园林实际，剖析如下。

（一）远借

远借就是将远方之景因借于园内，成为人们观赏的对象。

徽州园林，长于远借名山胜水装点自己。如祁门古村贵溪，为胡氏家族聚居之地，山清水秀，园林处处。周围八景，虽在园外，却似园中。村东南之将军岭，削壁万仞，绝巘凌霄，猿猱愁渡。村西北之大孤山，腊梅傲雪，屹立峰巅，餐风宿露，瘦劲俏丽。村北之五岭，直插云天，山陡路窄，密林满布，松涛呼啸。村西南之青岩山，双峰对峙，闲云缭绕，恍惚迷离，宛如仙境。村北之丛岭，众峰环抱，古寺深藏，楼台错落，白杨丛立。村东之平峰山，松杉染绿，毛竹滴翠，朝霞夕晖，气象万千。村中之夫子山，金桂灿灿，细竹吟吟，流泉淙淙，芳草处处。至于村中之石桥，则横跨南北，形如卧虹，流畅飞动，十分壮观。以上风景，为贵溪所独具，故贵溪园林之借景，五彩缤纷，令人目不暇接。

（二）近借

园林建筑，邻近取景，装点自己，谓之近借。

"枕上诗篇闲处好，门前风景雨来佳"（李清照《摊破浣溪沙》）；"枕前泪共阶前雨，隔个窗儿滴到明"（聂胜琼《鹧鸪天》）。这里写的雨景，就是近借。近借还包括邻借，如"隔户垂杨弱袅袅，恰似十五女儿腰"（杜甫《漫兴》）；"春色满园关不住，一枝红杏出墙来"（叶邵翁《游园不值》）。如此就邻近借，可使本园增色。正如计成《园冶》所说："若邻氏之花，才几分消

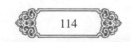

息，可以招呼，收春无尽。"婺源的宋代朱氏园林，小池澄净，有亭翼然；朱韦斋有"方塘荫瓦影，净见鲂鲤行"句以咏之。园外青山峨峨，杨柳依依。凭栏观照，美景悉收眸内，令人心旷神怡。宋代绩溪之乐山书院，歙县之醉园，黟县之培筠园，元代休宁之月潭朱氏园亭等，均不乏近借之景。

（三）仰借

仰为俯之对。仰首举目，观照空中景物，则可望之景，便构成园中的空间画面。此谓之仰借。

徽州园林中的仰借，因审美者驻足点的不同，分为低处仰借与高处仰借两种。低处仰借，一般指处于山水、寺庙园林幽谷夹壁之内，仰视高空飞云流霞；如齐云山寺庙园林"通天洞"底，峭壁对峙，底部峻削、空透。人立于内，仰视太空，只见一条长方形青天嵌入夹壁之上，或流云暗渡，或朝暾高悬，故有"闲云归洞口，晓日出山头"之美。又如婺源密山园林，狮山紫袍庵园林，均可于低处将景借入园内。此外，处身庭院之内，仰视天井之外，亦可将美丽景色收于眼底，斯所谓"坐井观天"者也。这种低处仰借，几乎家家都有。

至于高处仰借，则一般以楼台亭阁为驻足点。徽州园林，虽有漏窗墙牖之通透性，但视觉射线若呈水平状态，则高处景物往往不能摄入。若身处楼阁之中，凭栏仰视，则见天高地远，不禁神驰物外；湛蓝的天空，流动的彩云，飞翔的群雁，奋翮的雄鹰，在无垠的空间织成一幅幅变幻的画面，飘浮在园林的上空，这难道不是奇妙的高处仰借么？

仰借的对象主要是无际的天空及空中变化的景物，因而是一种无极之美。它静谧、流动、缥缈、苍茫、混沌、浩瀚。庄子说："天地有大美而不言"（《知北游》）。这种大美，包含崇高。在徽州园林中，仰借（尤其是高处仰借），便是捕捉崇高美的重要手段。位于黄山、白岳及其附近的园林，之所以能常见天都、莲花诸峰的崇高美，不正是由于立诸楼阁之上、仰借槛外之景的缘故吗？当然，这种仰借已与远借紧密地结合在一起了。

（四）俯借

双眸下视，低头取景，谓之俯借。其方式可分为鸟瞰与倾注两种。前者驻足高处，万千气象一望收；后者凝视低处，流水落花尽入眸。立于楼台亭阁之上，可仰可俯。

徽州寺庙园林中的楼亭，由于位置高峻，鸟瞰之景显得比较细小，所谓人行如蚁、河川如带，就是如此。徽州山水园林，得自然之趣，顺上下之势，幽邃深奥，秘不可测，故俯借之景，在在可寻。所谓"俯瞰枯藤络幽石"、"足底腴云忽沾屐"（许承尧《芳村》），便是一例。许多园林中俯借之景，多为自然景色，如浅沼倒影、荷塘月色、澄潭游鱼、碧溪蝌蚪、池中云影等。"澄潭涵天光，上下盎然碧。夕阳斜界之，微漾半痕白。"（许承尧《澄潭》）这里便涵俯借之景。明代文征明说："日正中，流影穿漏，下射潭心，光景澄澈。俯挹之，心凝神释，寂然忘去。"（《玉女潭山居记》）这便是俯视潭内光影的美感效应。

（五）应时而借

春夏秋冬，昼夜朝夕，风云多变，景色各异。园林之中，必须应时而借，始可克尽厥美。

徽州园林，四季色彩不一，春日主青，夏日主绿，秋日主碧、崇红、尚黄，冬日则主苍青，并夹杂白色。从色相上看，春天万物滋生，欣欣向荣；夏天百草繁茂，绿树成荫；秋天秋高气爽，明净秀丽；冬天坚实遒劲，寒气逼人。从人的心理感觉上说，则春温、夏凉、秋爽、冬凝。加之日月星辰、风云雨露、草木鸟兽等，出没藏露、千变万化，致使应时而借之景，曲尽其态，而为观赏者讴歌不绝。徽州宋代理学家朱熹在谈到自己处于百琴楼中的田园之乐时说：

> 琴宜春，春日蔼，东风应声律，肺腑春满怀；琴宜夏，夏景长，披襟奏南薰，夏阁生微凉；琴宜秋，秋思爽，金飙助宫商，万壑秋声朗；琴宜冬，冬令寒，呵手弄冰弦，和风解冬霜。……①

朱熹生动地描绘了康塘园林中百琴楼的四时之景与琴声的对应美，表现了景因时借、琴由景配的和谐美。这种应时而借之景，成为徽派园林不可或缺的特色与机制。它一方面反映了四时之景与园中之景的呼应、对比、反衬、交融的活泼流动的生机，另一方面也显示出徽州建筑文化中审美主体对于审美客体的向心力、亲和感，突显出徽州人那种不失时机地利用四时之景

---

① 朱熹：《康塘百琴楼歌》，见《康塘洪氏宗谱》卷十一。

供自己观赏的能力。

通过牖窗门户、楼亭轩斋的宽敞空间，迎纳美丽的景色，为徽州园林借景之重要特色。虚窗掩映，绿叶参差，帘卷流云，飞动飘逸，牖含翠竹，清响滴韵。此皆以虚带实、以无待有之妙。当月白风清之夜，你独坐在歙县唐模坜干园桥亭长廊美人靠（飞来椅）上之时，或隔窗透视，或凭栏骋目，则因借之景，纷至沓来。远视则山色空濛，迷离恍惚；近视则花木丛丛，暗香浮动；仰视则月明星稀，河汉淡远；俯视则溪水潺潺，倒影绰绰。许承尧《夜坐坜干公园环中亭》诗云："月影蔽亏处，最宜闻水声。潺潺适小坐，静味喧中生。溶然万木底，屈曲通光行。翻觉一泓幽，逾彼江湖明。"这里，园林内外，情景交融。月影、光影、水影、花影、倒影，曲线的柔美、喧鸣的鸟声，织成了静中有动、动中有静的妙境，是徽派园林曲中之绝唱。陈从周教授说得好："园之佳者如诗之绝句，词之小令，皆以少胜多，有不尽之意，寥寥几句，弦外之音犹绕梁间。"（《说园》）坜干园如此，徽州其他园林亦如此。

黟县宏村月沼

木生摄影

第十一章　徽州园林中的山水

一、徽州园林的山水特性

徽州园林由四大要素组成，这就是：山水，花木，建筑，书画。造园艺术家发挥自己的聪明才智，按照造园的美学法则，把这些要素有机地组合在一起，成为外形美观、具有三度空间的形象，以供人浏览、观赏、休憩，从而达到怡养情性、陶醉心灵的目的。

徽州园林中的山水，包括自然山水与人工山水。有的偏重于自然山水，有的偏重于人工山水，有的则二者兼备。歙县石雨园林，就是偏重采用自然山水的。清代徐楚《初至石雨》诗："十里流泉五里峰，山楼山尽碧芙蓉，乍来未辨东西路，昨夜月明何处钟。"诗中由峰峦、流泉、芙蓉、明月所组成的画面，主要显示了大自然的美；至于夜半钟声、望月小楼，则与人工有关。此外，如歙县非园，系乾隆年间曹文敏所筑，内有排青榭、听雨窗、广寒梯等。歙县桂溪继园，为明代崇祯年间项氏家族所建，内有德聚楼、亲莲室、漱芳斋、梦草居等。歙县修园，为汪氏别墅。清代袁枚游黄山时，曾与骚人墨客在此聚宴。这些园林，虽也引进了自然山水的美，但却是以人工为主的。至于歙县北园、蕉园、不疏园等，则既有自然山水，又有人工山水，二者相互辉映，各尽其妙。

关于自然山水，清代画家石涛说："山川，天地形势也。风雨晦明，山川之气象也；疏密深远，山川之约径也；纵横吞吐，山川之节奏也；阴阳浓淡，山川之凝神也；水云聚散，山川之联属也；蹲跳向背，山川之行藏也。"（《苦瓜和尚画语录·山川章·第八》）这里所说的晦明、疏密、纵横、阴阳、浓淡、聚散、向背、行藏等，都是相反相成的。它也适用于园林艺术。此外，如顾盼、照应、主从、虚实、动静、参差、奇正等，也是园林所着力追求的节奏。

徽州园林，特别善于捕捉自然山水的节奏，以强化自身的美。就其主要方面而言，就是喜欢采撷自然山水的动静、软硬、黑白之美。

（一）动静

事物的运转、流动、发展状态，谓之动。运动的间隙、停顿、休止状态，谓之静。动是绝对的、永恒的；静是相对的、暂时的。

清代迮朗《绘事雕虫》云："山本静也，水流则动。"陈从周《说园》云："在园林景观中，静寓动中，动由静出。"正由于徽州有十分丰富的山水资源与天生的动静互见的环境，故采撷自然山水之美就成为徽州园林的重要特点。清代孙茂宽《新安大好山水歌》中，描绘了"千峰万峰错杂出，嫣然天宇为修眉"的白岳（齐云山）、黄山，又刻画了"摇艇江中涵万象，碎月滩上月痕迟"的水景，诚可谓"新安之山宇内奇，山山眺遍神不疲。新安之水宇内胜，水水汇流棹可随"。其写山，则层峦叠嶂，峰插云天；其写水，则明净清澈，川流不息：其山静水动之美，跃然纸上。这是新安山水的真实再现。新安水系，曲折多姿，环绕众山，使得静态的山也显得流动了，这叫以动带静、静中有动。徽州山脉，迤逦起伏，远近高低，各得其所。它定立在江水之畔，仿佛在控制着水的流速，使流水也显示出稳定的静态，这叫以静制动、动中有静。徽州依山傍水的自然园林，就引进了这种动静相生的美。

（二）软硬

软是事物柔润、缠绵的状态；硬是事物刚毅、坚固的特质。山性是刚的，水性是柔的；但山性也时有柔处，水性也间有刚处。硬属于阳刚，软属于阴柔。

徽州的山，有软有硬，有刚有柔，有阴有阳。言其山势，或削壁万仞，或蜿蜒绵亘，或龙骧虎跃，或危岩怵目；论其情姿，或大气磅礴，或严峻巍峨，或壮丽辽阔，或幽邃深远：这些，都偏重于阳刚之美。当然，其中也不乏柔媚，如青翠横溢，秀色可餐，山花烂漫，万紫千红等。

至于水，则如老子所言："天下莫柔弱于水"（《道德经》七十八章）。唯其如此，故新安水系所经之处，或涟漪阵阵，或浪花朵朵，或涓流汩汩，或波涛滚滚。其性偏柔，但也含有阳刚之美，因为它有时也惊涛裂岸、卷雪千堆，富于力学的崇高美。

总之，徽州山水，有软有硬，阴柔与阳刚之美兼而有之。它制约着徽州山水园林。例如，婺源石耳山园林、石门山园林、方山园林、福山园林、凤

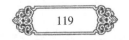

凰山园林、翀山紫袍庵园林、水口园林等，便是如此。现摘录几句清代光绪年间吴鹗修的《婺源县志》中引的诗句为证："石耳山头望大荒，海门红日上扶桑。山连吴越云涛涌，水连荆扬地脉长。"（游芳远《题石耳绝顶》）诗句所写石耳山园林中所见山水，浩渺无垠，气象万千，富于阳刚之美。又如："迂纡萝径入云深，更有清飚发磬音。堂启自然随石罅，泉流九曲傍岩阴。"（万国钦《福山书院留题》）此中所写福山书院园林景色，堪称山清水秀，曲折多姿，富于阴柔之美。

（三）黑白

黑，是指事物黝黯、隐晦、实在状态；白，是指事物明朗、光亮、虚空状态。黑，属于有；白，属于无。然而，黑之为有，并非绝无仅有，而是有中寄无；白之为无，亦非空洞无物，而是无中生有。书画家所说的计白当黑，就寓无中生有之意。邓石如说："常计白以当黑，奇趣乃出。"（转引自包世臣《艺舟双楫·述书上》）清代画家华琳在《南宗抉秘》中说："凡山石之阳面处，石坡之平面处，及画外之水、天空阔处，云物空明处，山足之杳冥处，树头之虚灵处，以之作天、作水、作烟断、作云断、作道路、作日光，皆是此白。夫此白本笔墨所不及，能令为画中之白，并非纸素之白，乃为有情，否则画无生趣矣。"这种白，当然也是需要黑的反衬、映照的，所以，他又说："白者极白，黑者极黑，不合而合，而白者反多余韵。"这些话，也适用于徽州园林艺术。

徽州园林艺术的知白守黑之美，表现在造型和意境两个方面。从造型上说，它充分发挥了黟县青、歙县黛、婺源青等山石资源的作用，突现出浓郁、凝重、光润、黝黯的特质和形象的立体性。它不堆砌、不壅滞、不堵塞，回荡着情韵的疏宕、空灵美。如歙县碕中园林，在黄山外石磴岭谷中，为汪道昆别墅。别墅内外，云绕高山，石猴拱揖，瀑布飞下，流泉玲琮，空明旷远，寂寥宁静，富于虚白之美。此外，歙县秀野庄园林（明代处士毕元故居）、三峰精舍、石雨草堂等均如此。

从意境上说，徽州山水园林的知白守黑之美，已远远超越了黑白色彩本身，而显现为象外之象。唐代诗人刘禹锡在《董氏武陵集记》中说："境生于象外。"如果把徽州园林造型具体生动的状态目之为象，那么透过造型所显示出来的神妙境界、无迹状态就是象外。如果说前者是看得见、听得到、摸得着的，那么后者就是诉诸知觉的、诱发人的思维想象的美的精灵。它引人悠然神往，令人玩味不尽。如歙县临清楼，位于沙溪，为明代御史凌润生读书别墅，系一座山水园林。据近人石国柱修、许承尧纂《歙县志》卷一所记载："楼临小溪，居两桥之间，竹树夹岸，相映成趣。"这种由楼、溪、桥、树、竹等物所构成的天地空间，形成了幽邃、宁静的意境，显示出不可言传的美。此外，如歙县丰南曲水园、潜口紫霞山麓水香园，都是如此。

二、徽州园林的叠山理水

徽州园林，既以自然山水胜，又以人工山水胜。从狭义的角度理解，人工山水的设置、改造、构建，谓之叠山理水。堆土石，垒成山，叫叠山；引溪流，造池塘，叫理水。一坯土，几片石，象征高山险峰；一勺水，一脉泉，代表江河海湖。人工山水是对自然山水的模仿、概括，必须传达自然山水的神韵，要做到计成在《园冶》中所说的那样："虽由人作，宛自天开。"造园艺术家只有师法自然山水，把自然山水的钟灵之气移植到人工山水上来，才可使人工山水生机盎然、富于活力。但人工山水与自然山水毕竟不同；尤其是假山，与真山是相对应的。

计成《园冶》："有真为假，做假为真。"李渔《闲情偶寄·居室部》："混假山于真山之中，使人不能辨者，其法莫妙于此。"可见，"真山为假山之蓝本，假山为真山之摹拟。真得假之变，假得真之趣。"李斗《扬州画舫录》："名园以累石胜。"徽州园林中的假山，就是如此。它具有瘦、漏、透、皱、怪等特点。世籍歙县的明代文人郑元勋在《影园自记》中写道："庭前选石之透、瘦、秀者，高下散布，不落常格，而有画理。"李渔在《闲情偶寄·居室部》中写道："言山石之美者，俱在透、漏、瘦三字。此通于彼，彼通于此，若有道路可行，所谓透也；石上有眼，四面玲珑，所谓漏也；壁立当空，孤峙无倚，所谓瘦也。"这些特点，在徽州园林中却具有特殊的神韵、风采，兹分别概述如下：

瘦。瘦，就是面目清癯，形体修长，瘦骨嶙峋，突兀峻削。风清骨峻是瘦的精髓。瘦，不仅指造型，而且喻精神。唐代天宝年间书法家窦臮在《述书赋》中说："虽则筋骨干枯，终是精神崄峭。"窦臮之兄窦蒙在《〈述书赋〉语例字格》中说："瘦，鹤立乔松，长而不足。"不足的对方是有余，有余为过量，肥就是过量，故肥为瘦的逆反。李渔《闲情偶寄·居室部》云："瘦小之山，全要顶宽麓窄，根脚一大，虽有美状，不足观矣。"如果麓宽、

脚大，那就是肥硕臃肿、没有骨力而不符合瘦的标准。徽州园林，叠石为山，宁瘦勿肥。因山峰危峻，非瘦则不能毕肖其行、小中见大而尽其美。喜瘦厌肥，在文学艺术中，具有共同点。所谓郊寒岛瘦，所谓"瘦竹成篱冷入诗"（许承尧《晓日二首》）等，均赞美一个瘦字。

漏。石上孔洞，玲珑剔透，疏密有致，有气流动，富于活性，叫做漏。漏则清新，而无腐浊之气；漏则通达，而无堵塞之弊。漏美之石，千姿百态，各具风韵，以出自苏州西洞庭湖之太湖石最享盛名。扬州徽派园林中之假山造型，常以太湖石垒成。李斗《扬州画舫录》中说所的歙县汪氏在扬州所建的南园别墅里的假山，就是以太湖石叠成的。

但徽州园林中的假山，大都就地取材，其质量并不逊于太湖石。如黟县之碧山黑，歙县之潜口碧，休宁之齐云青，祁门之石龙白，绩溪之龙川紫，婺源之龙尾石（色多苍黑，亦有青碧），均在徽州园林中争奇斗妍，各尽风流。由于它们在常年的水流中不断受到冲击，便形成了形态各异的孔眼。它们凹凸不平，爽朗明净，曲直有致，清丽俊美。

但假山并非凡漏皆美。其漏而不圆者，始可跻身美的行列。若一味圆眼，则有失风神。李渔《闲情偶寄·居室部》云："石眼忌圆，即有生成之圆者，亦粘碎石于旁，使有棱角，以避混全之体。"此说甚是。徽州园林假山，也是如此。

透。透与漏虽相渗相融、互有交叉，然亦各有别。透乃透彻、通畅之意，但不限于岩石孔眼之漏。假山之漏系指孔眼之透，但范围仅限于本身孔眼，而不涉及其他更为广泛的领域。

透比漏的范围宽广。它是指：假山孔眼的漏透；假山造型空间的通透；假山与周围环境组合、配置的通透。关于假山孔眼的漏透，已如前述。关于假山造型空间的通透，是指假山所象征的峰峦，迤逦起伏，流动畅达；又是指假山内部洞房结构的空透。李渔在《闲情偶寄·居室部》中说：

> 假山无论大小，其中皆可作洞。洞亦不必求宽，宽则借以坐人。如其太小，不能容膝，则以他屋联之，屋中亦置小石数块，与此洞若断若连，是使屋与洞混而为一，虽居屋中，与坐洞中无异矣。洞中宜空少许，贮水其中而故作漏隙，使涓滴之声从上而下，旦夕皆然。

这里所写的屋洞相接，若断若续，漏隙滴响，石韵袅袅，都是指假山内部造

型空间的通透。此外，假山与周围风景、建筑、物体的安排，须各得其所，彼此呼应，空虚灵动，形成通透明彻、韵味隽永的空间，庶可引发人们无穷无尽的遐想，这便是透的效应。祁门的许多书院园林，如少潭讲院、南山书堂、窦山书院、竹溪书院等处的假山，均有这种特点。

透并非露而不藏、一览无余，而是有藏有露、含蓄有味。晚清歙县著名诗人许承尧诗："胸有不平意，因之营假山。居然小丘壑，兼复巧回环。"（《友人书来讯山中事，戏成十四首答之，解除格律，取足宣意云尔》）又咏"累累太古石"假山云："一峰引一壑，一阁承一楼。玲珑辟牖户，掩抑通遐陬。"这些，都形象地表现了假山的通透性。它表明假山并不是孤立的存在，而是与周围环境紧密相连的。这就是假山与环境相互依存的通透的空间。

皴。假山表面的皴纹与凹凸状态，谓之皴。它纹理纵横，显隐相间，明暗掩映，起伏有致，形态纷呈，富于山水绘画美。清代陈维城《玉玲珑石歌》："一卷奇石何玲珑，五丁巧力夺天工。不见嵌空皴瘦透？中涵玉气如白虹。石峰面面滴空翠，春阴云气犹濛濛。一霎神游造化外，恍凝坐我缥缈峰。"假山的皴瘦透，就是如此。清代嘉庆年间园林学家马容海在《绉云石记》中所说的"嵌空飞动"、"纡回峭折"、"絪缊绵联"，虽系针对绉云石而言，但也可用来揭示假山石的皴的奥秘。

徽州园林假山纹理之皴态，以天真自然为贵。其石痕之阴阳向背、曲直深浅，均系天成。清代高兆《观石录》云："其峰峦波浪縠纹腻理，隆隆隐隐，千姿万状。可仿佛者，或雪中叠巘，或雨后遥冈，或月淡无声、湘江一色，或风强助势、扬子层涛。"此虽比喻之词，却可借用，以状徽州园林假山皴的特色。李渔在《闲情偶寄·居室部》中，把皴的特色归结为"斜正纵横之理路"，并认为是不可逆反的"石性"。正因为如此，假山虽假，却能保持天然的本真状态。许承尧诗云："梧阴何所有？数石各嶙峋。风致美无度，精神傲不驯。儿孙头角崭，公姥面皮皴。为壮寒门色，苔衣岁首新。"（《友人书来讯山中事，戏成十四首答之，解除格律，取足宣意云尔》）此诗系写于歙县。诗中运用诙谐的语言，将假山石的纹理凹凸状态喻为年龄不同的老少。老人面皮皴皱，儿孙头角崭新。以此形容假山之皴，堪称俏皮之至。

怪。奇异荒诞，不同凡响，谓之怪。山石突兀峥嵘，面目狰狞，可以称怪。清代文学理论家刘熙载说："怪石以丑为美，丑到极处，便是美到极

处。"（《艺概·书概》）徽州园林，怪石嶙峋，形相诡谲。许承尧诗云："大石若屋庐，小石若羍虎。狰狞相后先，倾侧互支柱。青红色殊异，肤理总腜朕。眠琴与覆舟，美字赜难数。冥想大地初，沉森久生怖。不图一涧小，容此万雄武。"（《沿桃花溪观水感赋》）这里描写了徽州怪石的状态之奇，色彩之异，数量之多，形象之美。此外，还表现了它那阴沉森严、令人生畏的状貌。

如果说，处于自然状态中的嶙峋怪石存在着某种崇高美，并使人产生与崇高感连辔而行的恐怖感的话，那么，移入徽州园林中作为假山的怪石，由于人工的安置、建构，就与人产生了一种亲和关系，因而它原来的那种恐怖性就大大地弱化、淡化乃至消失。只有在特定的氛围中，如阴云密布、险象环生的时刻，它那原来潜伏着的狰狞美才会跟着强化而被突现出来。

徽州园林假山，以丑怪为美的特点，素受重视。在叠石为山的歙县园林中，随处可见。许承尧在歙县唐模村构筑园林时，就十分强调怪石之以怪为美。他在《治园，戏作移石种树诗二首》中写道：

> 娶妻争取妍，选石偏选媸。
> 庞然备百丑，愈丑愈崛奇。
> 丑中蕴深秀，乃遇真嫱施。
> 古称皱瘦透，品美多所遗。

这里，尤其强调丑中寄秀、寓秀于丑之美。这是徽派假山的重要特色。许承尧说："奇秀出至丑"（《对梅作四首》）。如果没有秀美，任凭如何丑怪，也难以显示徽派假山的特色。因而丑中藏秀乃是徽派假山的灵魂，也是区别徽派园林假山与其他流派园林假山的一个标志。

怪石之丑有诸多品类，如清丑、拙丑、秀丑、奇丑、寒丑、谑丑、谲丑等。它们相互交叉，各有侧重，但都离不开奇怪二字。奇是怪的骨髓，怪是奇的血肉。在奇与怪的撞击中，才迸发出石的丑美的火花。陈从周先生《说园》云："石清得阴柔之妙，石顽得阳刚之健，浑朴之石，其状在拙；奇突之峰，其态在变，而丑石在诸品中尤为难得，以其更富于个性，丑中寓美也。"如此富于个性之丑石，在徽州园林假山中，尤为突出。黟县教育家舒松钰所描绘的"巍然奇石叠高冈"（《咏朝阳台》）、"苔绿假山伴夕阳"（《游碧山培筠园》），就表现了个中美。

以上着重论述了叠山，以下再谈谈理水。徽州园林大多依山傍水、自然成势；故就势引水，美化园林，便成为理水的重要内容。尤其是徽州水口园林，水源不断，回环迁折，流动不已，为园林注入新的生命力。此外，在园中掘地凿池，挖泉设湖，用人工方法理水，亦可增添诗情画意。歙县坑干公园，既有自然水流，又有人工小溪。它们相互环绕，映衬着山峦、楼亭、花木、景物，益发显示出园林的妖娆多姿。许承尧《夜坐坑干公园环中亭》诗："月影蔽亏处，最宜闻水声。潺潺适小坐，静味喧中生。溶然万木底，屈曲通光行。翻觉一泓幽，逾彼江湖明。"这里，在静默独处、悠然遐思中，伴着无语的月色、潺潺的流泉，别有一番情致。这便是理水的审美效应。凡溪涧滩汀、江河海湖、广池小池、瀑布井泉等，均可梳理入园，而成一绝。兹略论之：

池。以一勺一池之水比海湖，这是以小喻大；将海洋巨浸之名，标于微小池勺之上，此为以大喻小。

黟县宏村南湖，于明代永乐年间建造，不过是一个广池，但却名之曰湖，这不是以小喻大么？然浩瀚之气势凝聚于广池，这不是以大喻小么？然

徽州黟县宏村

木生摄影

将广池冠为南湖，却显示出宏村园林的气魄美。南湖碧波粼粼，涟漪阵阵，石桥纵横。山鸡放鸣林中，野凫嬉戏水面。亭阁伫立桥头，垂柳摇翠岸侧。当落日余晖浮在湖上时，只见树木、房舍、亭榭倒影，绰绰约约，依稀摇漾，更增佳趣。明代文震亨在《长物志》中谈到"广池"时说："凿池自亩以及顷，愈广愈胜。最广者，中可置台榭之属，或长堤横隔，汀蒲、岸苇杂植其中，一望无际，乃称巨浸。"南湖就是符合广池的要求的。

至于小池，则在徽州园林中，几乎随处可见。它自然朴实，没有严格的几何图形，禀天地之恒资，赋清旷之雅怀，可以近观，可以遐思。许承尧诗："溶溶一勺水，涵影轻相摩"（《中庭》）；"拳石与盘池，彼自成一国。池澄见天影，石润含雨色。"（《答徐澹甫拳石篇》）如果没有一勺池水，则就难以带动园中花草景物去更好地突现柔婉秀丽的画面。

徽州园林，皆因山造型，循水导势，呼山唤水，各尽其美。陈从周先生说："大园宜依水，小园重贴水，而最关键者则在水位之高低"；"山、亭、馆、廊、轩、榭等皆紧贴水面，园如浮水上"（《说园》），谓之贴水园。宏村水系，冈罗密织，流泉玲珑，庭园贴水，如处舟上。又如黟县塔川某宅，

黟县塔川云雾

木生摄影

庭园浮于水上，亭榭紧贴，竹影扶疏，清风徐来，池纹叠皱。屋柱有联云："忍片时风平浪静，退一步海阔天空。"这不仅开拓了贴水园的境界，而且也显示出徽人谦让的襟怀，颇富于形象性与哲理性。至于歙县潜口紫霞山麓水香园绿参亭、春草阁、紫石泉山房等地，也是临溪而筑、贴水而建，如清荷浮水而举菡萏者。

瀑。悬崖峭壁之上，飞流直下，滚滚翻腾，浪花朵朵，水珠飞溅，响如雷鸣，垂若白练，谓之瀑布。

徽州园林瀑布，或从大自然借来（借景），或由人工造成。人工瀑布，以真实的大自然为师，经过缩小、仿制，以传达其神韵、令人玩味不止者为佳。文震亨在《长物志》中谈到"瀑布"时说：

> 山居引泉，从高而下，为瀑布稍易，园林中欲作此，须截竹长短不一，尽承檐溜，暗接藏石罅中，以斧劈石叠高，下作小池承水，置石林立其下，雨中能令飞泉溃薄，潺湲有声，亦一奇也。

但这只是一种营造人工瀑布的方法。徽州园林瀑布，不限于此。如歙县唐模村之檀干园，素有小西湖之誉，其中有人工瀑布，形体虽小，但如白练高悬，卷雪千堆，急流直下，喧声不绝。

泉。流泉汩汩，甘洌爽口；小溪蝌蚪，顺水而下；澄澈见底，游鱼翕动。这是徽州园林令人流连忘返的一个重要原因。黄山紫云庵园林，就是如此。许承尧《紫云庵》诗云："孤庵古泉窟，万竹声琅琅。门外碧成海，冻雨生晚凉。"清泉、绿竹，相互映衬，倍增雅趣。但山泉乃天然，引泉入园，巧施人工，或改道，或回环，或斗折，或奔腾，或细吟，或上下，或跳跃，令其美妙多姿，此乃徽园所常见。婺源福山书院园林，泉水九曲，绕岩流动，琤琤然，琮琮然。书院前后，绿树成荫，青翠欲滴。漫步其中，静听泉鸣，别生幽情。

徽州园林泉水，虽无天下第一、第二的美誉，却有野、旷、清、闲的特色。它把周围环境点缀得活泼流动、富于生气，给徽人增添了无穷的乐趣。吴之斑题婺源《草堂》诗云："琴书四十年，几作山中客。一日茅栋成，居然我泉石。"许承尧《水杨村》诗云："枫丹通石气，涧碧覆泉声。"其爱泉石如此。所谓钟情山水、痴心泉石是也。在徽州园林中，流泉大多源于自然、少有人工者；间有人工泉，也必须在缩小的造型中体现自然的风采。审美者在

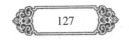

凝神观照时，则以小见大，通过夸饰性的联想，去比附自然，从中获得心灵的陶醉。

　　以上集中地论述了徽州园林的山水美，这是徽州园林美的基本内容。至于花木、建筑、书画的美，则居于从属地位，但却是与山水美相映生辉并为共同表现徽州园林的美而存在的。本文所论，只是其中一个方面而已。